觌见传承

江南十大家族启蒙读物

卢敦基　应忠良　郑绩　朱永红　著

《钱氏家训》、《双节堂庸训》、《查氏家训》、《放翁家训》、《诫子书》、
《应氏家规》、《郑氏规范》、《袁氏世范》、《朱子治家格言》、《何氏家训》

红旗出版社

序

　　本书是学者为学生或有初等及以上文化程度的读者写的家族故事读本。我们相信，大家都听到过一些类似"淡泊明志，宁静致远"等耳熟能详的古训，但不一定知道它的出处，或没有时间和精力去翻阅厚厚的宗谱原文，因此我们把复杂的古文节选后编成通俗故事，以免读者看到"之乎者也"望而却步。家训是中国传统文化中的一个特殊组成部分。中国社会历来重视家邦齐治，一个家族最大的精神资产就是家教和门风，家规既是教养，亦是礼仪；族中个人的每一个细微的肢体语言都在向周边的人透露着你的家教、性格、喜好和人品。

　　家训都是成功人士所为，这些成功人士不仅希望自己能终身富贵平安，而且还希望自己的基因——也就是子孙后代——能够安享同样的境遇，因此立下这些训诫，让后人遵循自己的经验，赓续富贵和平安。

　　中国的家训，虽以保存家族的富贵为目的，其手段却多是慷慨和利他的。我们的先人两千多年前就已悟透了其中的哲理："天下神器，不可为也，不可执也。为者败之，执者失之。"①

　　家训是在古代中国"敬天法祖"、"少言鬼神"的宗族社会基础

---

① 选自《老子·第二十九章》

上产生的，主要是指家中长辈对后人的训示、教诲、诫勉、嘱托、要求等等。它产生于先秦，成熟于两晋至隋唐，繁荣于宋元，鼎盛于明清。许多家训成为中华传统文化的瑰宝，如诸葛亮的《诫子书》、颜之推的《颜氏家训》、李世民的《帝范》、袁采的《袁氏世范》、浦江郑氏的《郑氏规范》等等。即使是在千百年之后重读它们，依然会为其中闪耀的智慧和气度折服；其中的许多教诲堪作今人的座右铭。

由于中国文化的重心在唐宋由北向南转移，而家训的繁荣在宋元，所以今天我们所看到的家训部分在南方。同南北文化的差异一般，家训也有南北差异。这里所选的十篇家训，都是极有代表性的江南家训，如在央视热播的浙江浦江《郑义门》之《郑氏规范》，"千年江南镇，浦江郑义门，同堂亲如初，共著孝义书。"郑氏家族之所以能历经沧桑变迁，从宋到清，出仕为官173人，无一人因贪墨而被罢官，合族同居有300多年的历史，正得益于其族人对家规家训的自觉恪守与世代相传。《郑氏规范》168条家训涵盖了治家、教子、修身、处世等方方面面，成为族人立身处世、持家治业之良规。家法如山，廉洁治家，便是《郑氏规范》之要义。古代谚语说，家廉则宁，国廉则安。党的十八大以来，廉洁治家又被赋予了新的时代意义。再如在民间广泛流传、被称为"《颜氏家训》之亚"的《袁氏世范》，至今影响仍无与伦比的朱柏庐的《朱子治家格言》，精英辈出的临安钱氏的《钱氏家训》，出自大诗人陆游之手的《放翁家训》，以及出自传奇绍兴师爷汪辉祖之手的《双节堂庸训》等。这里要特别指出的是，最后一篇比较特殊，是本书所选的唯一不见诸文字的家训，姑且称之《何氏家训》，在成于上世纪丙戌年（1946）的《武义石城何氏宗谱》中丝毫没有它的影子，但历代口口相传的，诸如"上龙山砍柴者，罚拔指甲。砍一小树者，罚斩一指。砍一树者，罚斩一臂，还得跪在祠堂前向祖宗请罪，立誓永不再犯"等祖训，却无时无刻不在约束着族人的行为规范——无字胜千言！而正是这无字家训成就了当地的绿山秀水，保护了当地的淳朴民风。

　　作者从以上十篇或短或长的古代家训中摘句释义，收集每一脉的名人故事，踏访每一脉的祖居，与这十族的族中长老探讨古代家训的当代意义，力求史料准确、行文活泼、点拨有高度，以期挖掘这些古训的新内涵，古为今用、推陈出新，弘扬社会主义核心价值观。

　　蕴含至理的箴言摆在面前，人们一般有三种姿态：一种是"似乎听说过，但是好像也没什么大不了的"——这可能是当今多数人的正常反应；另一种会认为它迂阔陈腐、不着边际，从而嘲笑揶揄；还有一种会努力遵循实践。正如两千多年前的老子所言：

　　上士闻道，勤而行之。

　　中士闻道，若存若亡。

　　下士闻道，大笑之。①

　　翻开此书的读者诸君，您会是哪一类人呢？如果您读了此书，觉得"跟我有点关系"，或者萌生了查阅自己祖上泛黄故纸堆的想法，我们就会觉得非常满足了。

卢敦基

2016年4月25日

---

① 选自《老子·第四十章》

目 录

《钱氏家训》：精英辈出，兼济天下

字字珠玑，立意高远
秉承钱镠治世思想
教育钱氏英才无数

　　临安是五代十国吴越国国王钱镠的出生地和归息地，自钱镠至今，钱氏后裔人才辈出、群星璀璨。尤其是近代更是人才"井喷"：钱穆、钱钟书、钱学森、钱伟长、钱三强、钱正英、钱其琛、钱复[①]……包括2008年诺贝尔化学奖得主华裔科学家钱永健，都是钱王后裔，坊间素有"一诺奖、二外交家、三科学家、四国学大师、五全国政协副主席、十八两院院士"的赞誉，钱氏家族也因此被称为"两浙第一世家"。

　　钱氏家族长盛不衰，吴越钱王的家风家训功不可没。钱学森的父亲钱均夫曾说过："我们钱氏家族代代克勤克俭，对子孙要求极严，或许是受祖先家训的影响。"

---

① 按年龄从大到小排序

《钱氏家训》言简意赅、立意高远

《钱氏家训》见于《钱氏家乘》。《钱氏家乘》初版于1925年，编者钱文选，字士青，为钱武肃王第32世孙，前清举人。《钱氏家乘》共14卷，其中《钱氏家训》约600字，分为个人、家庭、社会、国家4篇，由钱氏后人根据钱镠生平有关修身、齐家、治国、平天下的言论编纂而成，字字珠玑，泽被后世，为子孙后人订立了较为详细的行为准则。以下分别摘录部分以飨读者。

家训节选

个人篇

心术不可得罪于天地，言行皆当无愧于圣贤。
曾子之三省[1]勿忘，程子之四箴[2]宜佩[3]。
持躬不可不谨严，临财不可不廉介，
处事不可不决断，存心不可不宽厚。
尽前行者地步窄，向后看者眼界宽。
花繁柳密处拨得开，方见手段；
风狂雨骤时立得定，才是脚跟。
能改过则天地不怒，能安分则鬼神无权。
读经传则根柢深，看史鉴则议论伟，
能文章则称述多，蓄道德则福报厚。

◎ 钱镠画像

【注释】

[1] 曾子之三省：曾子"一日三省"的自我修养主张。《论语·学而第一》记载，孔子弟子曾子每天都从"为人谋而不忠乎？与朋友交而不信乎？传不习乎？"三个方面自我反省，以提升德行修养。

[2] 程子之四箴：宋代大儒程颐的自警之作《四箴》。孔子曾对颜渊谈克己复礼，说："非礼勿视，非礼勿听，非礼勿言，非礼勿动。"程颐撰文阐发孔子四句箴言以自警，分"视、听、言、动"四则。

[3] 佩：佩戴，意思是珍存以作警示。

家庭篇

欲造优美之家庭，须立良好之规则。

内外六闾[1]整洁，尊卑次序谨严。

父母伯叔孝敬欢愉，妯娌弟兄和睦友爱。

祖宗虽远，祭祀宜诚；子孙虽愚，诗书须读。

娶媳求淑女，勿计妆奁；嫁女择佳婿，勿慕富贵。

家富提携宗族，置义塾[2]与公田[3]；

岁饥赈济亲朋，筹仁浆与义粟[4]。

勤俭为本，自必丰亨[5]；

忠厚传家，乃能长久。

【注释】

[1] 闾：本意指里巷的大门，这里指族人聚居区内的巷道和房屋。

[2] 义塾：旧时由私人集资或用地方公益金创办的免收学费的学校，义学。

[3] 公田：这里指家族共有的田地。

[4] 仁浆与义粟：施舍给人的钱米。

[5] 亨：通"烹"，本意是煮（饭、菜、茶），这里指饭菜，指代衣食家用。

社会篇

信交朋友，惠普乡邻。

恤寡矜孤，敬老怀幼。

救灾周急，排难解纷。

修桥路以利人行，造河船以济众渡。

兴启蒙之义塾，设积谷之社仓[1]。

私见尽要铲除，公益概行提倡。

不见利而起谋，不见才而生嫉。

小人固当远，断不可显为仇敌；

君子固当亲，亦不可曲为附和。

【注释】

[1] 社仓：古代一种民间备荒习俗，不特指某个粮仓，而是一种储粮制度。一般没有专门的仓库而在祠堂庙宇储藏粮食，粮食的来源是劝捐或募捐，存丰补欠，用于救济。

国家篇

执法如山，守身如玉。

爱民如子，去蠹[1]如仇。

严以驭役，宽以恤民。

官肯着意一分，民受十分之惠；

上能吃苦一点，民沾万点之恩。

利在一身勿谋也，利在天下者必谋之；

利在一时固谋也，利在万世者更谋之。

大智[2]兴邦，不过集众思；大愚[3]误国，只为好自用[4]。

聪明睿智，守之以愚；功被[5]天下，守之以让；

◎ 婆留井 ①

---

① 婆留井的传说：唐大中六年，临安钱宽之妻产子时，家中红光炫目且闻兵马之声，钱宽视子为不祥之物，欲投之于井，幸被阿婆留住。孩子小名即呼"婆留"，井名"婆留井"。钱婆留长大后改名为"钱镠"，终成吴越国一代明主。

勇力振世，守之以怯；富有四海，守之以谦。

庙堂之上，以养正气为先；海宇之内，以养元气为本。

务本节用[6]则国富，进贤使能[7]则国强，兴学育才则国盛，交邻有道则国安。

【注释】

[1] 蠹（dù）：蠹虫，咬器物的虫子，比喻危害集体利益的坏人。

[2] 大智：才智出众，这里指才智出众的人。

[3] 大愚：极端无知，这里指极端无知的人。

[4] 自用：自以为是。《中庸》记载，孔子曾说"愚而好自用，贱而好自专"。

[5] 被：覆盖。

本段引自《孔子家语·三恕》。此句中所言，要做到大智若愚、大功若无、大勇若怯、富而好礼，这既是有德行的表现，也是自我保护的智慧。

[6] 务本节用：抓住生财根本、尽量节约开支，即开源节流。务本：古代经济以农为本，务本就是搞好耕织根本，努力创造财富。节用：有计划地合理消费，节约开支。出自《荀子·成相篇》，原文是"务本节用财无极"。

[7] 进贤使能：举荐贤者，任用能人。进：推荐、选拔。使：任用。贤：有道德的人。能：有才能的人。也叫"进贤任能"，出自《礼记·大传》，原文是"圣人南面而听天下，所且先者五，民不与焉：一曰治亲，二曰报功，三曰举贤，四曰使能，五曰存爱。"

《钱氏家训》涵盖个人、家庭、社会、国家

个人篇主要着眼于个人修养

开篇先言"心术不可得罪于天地，言行皆当无愧于圣贤"，用"天地"、"圣贤"来作为钱家子孙的参照，这个起点标准显示出浓厚的儒家教化气息。君子行事，无愧于天地。天地就是坦荡荡的胸怀，是立身正、行事端之后的坦然。言行有度，合乎圣贤之道，方能无愧。而要知道圣贤是如何言说、如何行动的，就要求钱家子孙接受正统教育，读圣贤书；就要学圣人时时自省，经常约束规范自己的行为，自我批评，自我警惕，自我纠正；之后才可能在个人立身立言上做到坦荡无愧。为了做到这一点，自省需要不断进行，所遵循的标准，也是前贤所谓的四项原则："非礼勿视，非礼勿听，非礼勿言，非礼勿动"。如果做到一日三省、程子四箴，自然言行无愧于圣贤了。至于什么是"礼"，则又回到须读圣贤书、学习儒家规范上了。

之后具体讲行为准则。

"持躬不可不谨严，临财不可不廉介"：需要恭敬的时候，必须谨守礼仪，毕恭毕敬；财物当前，要取之有道，不可贪婪，严格按照分配规则来。这句是讲行事的法度，在"君子"的世界里，如何接人待物皆有规矩，尤其是在财物面前，更是考验心性的时候。

"处事不可不决断，存心不可不宽厚"：经典名言，引用频率很高，是说遇到事情的时候，要有决断，不可拖泥带水；但是当断则断，不代表要心狠手辣，仍要心存宽厚，与人为善。此句在道德与俗务间取得了平衡，兼顾了心术与实务，在实际运用中是非常有效的。

"尽前行者地步窄，向后看者眼界宽"：中国人总爱说留有余

地，退一步海阔天空。这两句很有意思，都是反对一味锐行的意思。此中可见中国传统文化中的辩证思想，这里并不是反对勇猛直进，而是赞成凡事稳扎稳打，留有余地，不可莽撞，要放宽眼界。这个说法蕴含着极深的处世哲学，也是保证钱氏家族长期兴旺发达的重要思想之一。

"花繁柳密处拨得开，方见手段；风狂雨骤时立得定，才是脚跟"：这两句则是教育子孙要培养自己拆繁解惑、处乱不惊的能力。在错综复杂的事情面前，能理得出条理，抓得到关键，这才算是有方法、有水平；在恶劣的环境中能屹立不倒，才算是根基扎实。只有如此才可能应付繁杂的事务，有条不紊地发展家族事业。在逆境中也能保存家族元气，稳步发展。

"能改过则天地不怒，能安分则鬼神无权"：这里还是体现了中国传统的中庸思想。历代政局动荡，社会复杂，安分守己是最好的生存之道。维护社会秩序，安于本分，更是居于社会上层的钱氏所乐见的。至于知过能改，更是品德修养中相当重要的一环。

"读经传则根柢深，看史鉴则议论伟，能文章则称述多，蓄道德则福报厚"：诵读经典就能够学养深厚、基础扎实，学习历史就可以有深切宏观的见解，能著书立说者会得到众人称赞，有道德修养者则会有丰富的福报。这里再次将读书、道德与福报联系起来，强调了知识和修养的现实意义；指导子孙要读经阅史，巩固基础，开阔眼界，以能作文章为荣，以蓄养道德为福。这从意识形态上对子孙提出了很高的要求，已经脱离了过小日子的一般趣味，而是追求更高层次的个人实现。由此也可见钱氏家族的自我要求和自我期望起点很高。

家庭篇是钱氏的家庭管理观，首重规则

"欲造优美之家庭，须立良好之规则"：无规矩不成方圆，无规则无有优美。大家族管理，也和现代的企业管理一样，人事繁杂，必须依律而行，否则就会产生混乱，当然也就无从谈优美了。下面两句就是讲解何为良好之规则的。

"内外六闾整洁，尊卑次序谨严。父母伯叔孝敬欢愉，妯娌弟兄和睦友爱"：门户严谨，往往是大家庭最需重视的事情。外门、内门分得清楚，角角落落没有卫生死角，都是理家的要点。大家族聚居，人数众多，身份不同，内外有别。门户之内，有主仆、嫡庶之分，等级分明，即构成尊卑次序。钱氏的家训处处显示出家庭身份的尊贵，与蓬门小户的市井机智有很大的区别。小门小户的家训，是想不到要涉及门户管理的。在大家都熟悉的《红楼梦》中，考验当家主母能力的首项，就是看门户是否严谨整洁。就家庭成员内部而言，各守本分是最基本的。中华传统伦理强调长幼有序，严格遵守就形成了严谨的家庭管理模式。实际上这也是出于管理的需要，所谓礼教，就是让人各安其位，各司其职；安分了，守己了，也就稳定了。一旦稳定了，就可以"父母伯叔孝敬欢愉，妯娌弟兄和睦友爱"了。

"祖宗虽远，祭祀宜诚；子孙虽愚，诗书须读"：这里再次强调宗族的传承与读书的重要性。大家族免不了面临不断分支的状况，旁支越分越远，也可能迁居它地，形成"祖宗虽远"的情形，但是无论栖身何地必须记住自己的姓氏来历，不能数典忘祖，再旁再远，仍是宗族的一员。姓氏祖宗作为最基本的宗族凝聚力，是应当被每一个子孙永远牢记的。这点在今天仍然有着极为重要的现实意义，钱氏子孙，遍布全球，但都以钱姓为荣，都有作为钱氏一族的自觉，使得钱氏宗族长盛不衰。除了祭祀祖宗，读书也是子孙必须谨记的大事。哪怕天资再愚钝，也要受教育，再次强调了读书的重要性。不读书的子孙，是无法延续家族的荣光的。

"娶媳求淑女，勿计妆奁；嫁女择佳婿，勿慕富贵"：这里讲到

◎ 钱武肃王陵

子孙的嫁娶原则，无论娶媳还是嫁女，都将对方的品行放在第一位，而经济考虑放在其后。从长远发展看，品行是最重要的。联姻是重要的家族事务，是选择德行还是金钱，其实也面临着姻亲阶层的选择，而无论是"淑"还是"佳"，都不能以财富作为最终的衡量标准。

"家富提携宗族，置义塾与公田；岁饥赈济亲朋，筹仁浆与义粟"：这句主要是在讲要照顾到整个家族。宗族作为整体，内部要互相扶助，共同发展。在经济上，富的要照顾贫的，买一些义塾、公田，在饥荒年月里要救助亲朋，筹措一些义粥义饭，施给需要的人，同时有能力的还要提携其他人，让整个宗族共同发展。

"勤俭为本，自必丰亨；忠厚传家，乃能长久"：农耕社会，资源有限，再大的家业也经不起浪费。因此无论多大的家族，都会强调勤劳节俭，开源节流。与勤俭对应的，往往是忠厚。中国人讲究忠恕之道。心存忠厚，处世才能左右逢源，所谓有福报，乃能长久，才能保持家庭兴旺发展的势头。勤俭、读书与忠厚，基本上是中国古代家训中最为重要的三条，也是最为基本的行为准则。

社会篇教育子孙如何为人处世，尽到社会责任与义务

钱氏一族颇有社会中流砥柱的自觉，意识到自己作为一个大家族，对社会负有应尽的责任，因此教导子孙不要忘记自己的社会责任。大家族在中国古代乃至于近现代社会中所起的作用是非常独特的，它们虽然无法创造出公共空间，构建起公民社会，但往往能承担起相当部分的社会职责，隐隐起到了后世士绅阶层进行基础社会管理、发展社会慈善事业、承担部分官方职能的作用。

"信交朋友，惠普乡邻。恤寡矜孤，敬老怀幼。救灾周急，排难解纷"：这里是要求子孙真诚地和周边的人交朋友，为乡邻造福。有什么好处，要能够和同处一地者共同分享。对待孤寡老幼，要体恤关

怀，敬重牵挂。乡邻有什么灾祸难处，要及时救助周济，帮助解决困难排解纠纷。这就要求家族的影响力不止在家族内部，还要泽被更大的区域与人员，在地方上起到维持作用。

"修桥路以利人行，造河船以济众渡。兴启蒙之义塾，设积谷之社仓"：在古代，修桥、造路、义渡是被特别提倡的善举，盖因修桥、造路、义渡不容易，且往往被乡里所迫切需要之故。大户人家往往把修路桥、造义渡作为自己的责任，视为分内之事。兴办义学也是如此，让更多的孩子能够接受教育，特别让寒门学子从中受益，提高整个乡里的受教育水平，是大家族非常重视的义举。钱氏还提出要拿出一部分粮食作为社仓，以助乡邻应付饥灾之年。

"私见尽要铲除，公益概行提倡"：这里的私见指的是门户之见，是说不应该只看到自己家族的利益，而要有更广阔的眼光和胸襟，提倡公益事业，大家好才是真的好。

"不见利而起谋，不见才而生嫉"：此句则是教育子孙立身要正，不能看到好处就想要，见到别人有才能就心生嫉恨。

"小人固当远，断不可显为仇敌；君子固当亲，亦不可曲为附和。"这两句是说要远离小人，但不要结为仇敌；要亲近君子，但不要违背自己的内心去附和对方。

国家篇告诫子孙修身而兼济天下的道理

钱氏一族，子弟教育严格，历代出仕者众多。既为父母官，就要考虑到如何在从政时造福百姓，坚持操守，因此这里的训诫都是与身居高位之后如何自处有关的。

"执法如山，守身如玉"：作为法律的执行者，就要不折不扣地执行国家大法。对自己严格要求，坚持原则，有操守。这是为官的自我要求。

"爱民如子，去蠹如仇"：爱人民如爱护自己的子弟，去除影响社会安定的坏人如同对待仇敌。这里讲了为官的基本立场。

"严以驭役，宽以恤民"：对公务人员要严格，但是对民众要体谅宽容，不能有过多的苛求。这其实是一条颇高的准则，要求执法者、为官者要对自己严，对百姓宽，能够真正体谅民众的疾苦。

"官肯着意一分，民受十分之惠；上能吃苦一点，民沾万点之恩"：为官者、为上者，肯为民用心、为民吃苦，正派清廉，体恤民情，可使民众受益，得到真正的实惠。

"利在一身勿谋也，利在天下者必谋之；利在一时固谋也，利在万世者更谋之"：如果只对自己有好处，不做也罢，但若是对大家都有好处，那就必须努力谋划了。对目前的情况有好处，固然需要争取，但若利在万世，更要筹谋。这里有个人与集体、短时与长远之辨，告诫从政为官者，要有天下之思、万世之谋，不能只顾一己荣辱，或者只重视自己任期内的政绩。

"大智兴邦，不过集众思；大愚误国，只为好自用"：集思广益，广泛地听取意见，才能具备振兴国家的大智慧。最愚蠢的，就是刚愎自用，自作聪明。身居高位者，往往饱受恭维，最容易飘飘然以为自己无所不能，听不进别人的意见，无法真正了解民情，这才真的会耽误国家的发展。

"聪明睿智，守之以愚；功被天下，守之以让；勇力振世，守之以怯；富有四海，守之以谦"：中国传统的辩证思想，在这几句内体现得淋漓尽致。原句摘自《孔子家语》，要求子孙大智若愚、大功若无、大勇若怯、大富而谦。在封建社会，这是一种颇为有效的自我保全的手段，也是中国传统文化中倍加推崇的处世哲学，对个人修养提出了极高的要求。

"庙堂之上，以养正气为先；海宇之内，以养元气为本"：这里再次强调为官的自我修养，正气浩然，才能与庙堂相得益彰；而藏富于民、养民安民的思想则是钱氏一贯的主张，保存民间的元气、积极发展百姓经济，是国家发展的根本。

"务本节用则国富，进贤使能则国强"：治国如治家，一个家庭提倡勤俭节约，国家也是如此。根据自己的实力，量入为出，发展经济，国家就能够富裕起来。任用贤能，让他们人尽其才，发挥每个人的长处，国家就会强盛起来。

"兴学育才则国盛，交邻有道则国安"：这些都是治理国家的基本道理。一个国家必须重视教育，兴办学堂，培育良才，才能够得到长远的兴旺发达。国际上，能够和邻国有原则地和睦相处，处理好外交事宜，国家才能够安定。

钱氏家族的悠久历史

提到钱氏，必从唐末五代十国时期的吴越国国王、吴越钱氏一世祖钱镠说起。钱镠生于浙江临安，并葬于此。其陵墓早在1963年10月就被列入浙江省重点文物保护单位，1982年修建成钱王陵园，1994年又重建为钱王祠。

钱镠（852—932），字具美（一作巨美），小字婆留，杭州临安人，五代十国时期吴越国创建者。

钱镠在唐末跟随董昌平乱，累迁至镇海节度使，后董昌叛唐，奉诏讨平董昌，逐渐占据两浙十三州，先后被封为越王、吴王、吴越王。

吴越王钱镠贯彻"以民为本，民以食为天"的国策，礼贤下士，广罗人才。他还积极鼓励农业发展，为农民开垦荒地制定优惠政策，并根据江南植桑养蚕的传统，让农民发展蚕桑业。杭州一直饱受钱江

◎ 钱学森故居

潮水之患，钱塘江靠近出海口，潮水里夹杂着海水，每次涨潮，都会让江边的农田受灾。他就征用大量劳力，大举兴修水利，一方面修建了钱塘江临海的堤坝，还建了不少水闸，防止海水回灌，另一方面做了许多巨大的石笼，里面填满石头，再用木桩固定在江边，连绵不断，形成石塘海堤。石堤挡住了海潮，沿江的农田遂成沃土。同时，石塘还起到水库的功能，可以调节蓄水，灌溉农田，所以他又被称为"海龙王"。民间传说"钱王射潮"，说是钱王见潮水上涌，便令兵士以弩射潮，潮水遂退。传说隐喻了钱王治理潮水之功。

对于内湖治理，钱镠也非常重视。为了疏浚钱塘湖，他专设了一个部的"撩湖军"，在钱塘湖边挖出一个涌金池。涌金池又与运河相通，从此水路交通更加便利。另外，在太湖区域，他设了四个部的"撩水军"，专门负责太湖的疏浚和堤防。经过这番整治，这些水利资源都得到了运用，不但交通便利了，也解决了周围农田的灌溉问题；而且整体环境得到了整治，沿水地区都成了风物佳地，增加了文化意韵。

钱镠在位四十年，属地可谓安稳繁荣，百姓得以安居乐业。其后钱氏二代四王，都延续了治世格局，这使吴越国得以成为五代时期最为富有、安定的国度。钱镠征伐出了一个吴越国，但他重视百姓，希望止战养民。这位国王终年八十一岁（按：文中岁数采用汉字处，为虚岁，下同），临终留下遗言，就是著名的《武肃王遗训》，其中第二和第三条讲道："凡中国之君，虽易异姓，宜善事之。""要度德量力而识事务，如遇真主，宜速归附。圣人云顺天者存。又云民为贵，社稷次之。免动干戈，即所以爱民也。如违吾语，立见消亡。依我训言，世代可受光荣。"

有了这样的祖训，历代吴越王虽然国土内富饶安定，但始终没有称帝。时局动乱，朝代更迭，从后晋、后汉直到后周，但吴越国一直相安无事。

在此祖训之下，当赵匡胤吞并藩国，一统中原，眼看就要挥师南下之即，钱镠之孙钱弘俶带着全族三千余人赶到开封，对宋太祖俯首称臣。钱弘俶绝非亡国之君，他英明神勇，勤于政事，文武双全，深受百姓爱戴，他能够纳土归宋，不争自身意气之长短，以百姓安宁为重，实在是很值得敬佩的。北宋时期成文的《百家姓》，第一句就是"赵钱孙李"，赵氏贵为帝姓，当然排在第一，第二就是钱姓，亦可见其民望之高。

如此重大的朝代更迭，吴越国未受一刀一枪之荼毒就顺利完成交接，这在中国历史上是罕见的，钱弘俶为吴越的发展积下大功德，而钱王祖训也是起到重大作用的。这番祖训，完全应验，不仅造福了钱氏一族，保持了钱氏的永继发展，更泽被百姓。

《钱氏家训》就是秉承了钱镠的治世思想，在此基础上编纂而成的。

《钱氏家训》训诫严苛，心怀天下

《钱氏家训》虽然字数不多，但寓意深长，几乎每一句都不过时，在各个朝代都能够适用；并且能够随着社会的发展，常读常新，解读出适用这个时代的意义；不仅对于钱氏历代子孙非常有指导意义，对社会各个阶层也富有启发性。

2009年，钱氏后人、台湾两岸共同市场基金会最高顾问钱复出席博鳌亚洲论坛年会时，受到温家宝的接见。温家宝当时引用了《钱氏家训》中的一句："利在一身勿谋也，利在天下者必谋之"。钱复当时就表示，这是《钱氏家训》，是他的三十六世祖定下的。这个细节起码说明四个事实：其一，《钱氏家训》早已传遍天下，为人们所熟知，也能为总理所引用。其二，钱氏后人，哪怕是在海外的，也非常熟悉家训，一听到此句便知道是出于自家家训，且能马上说出是三十六世祖所定，可见家训仍在传承。其三，《钱氏家训》在家族里仍有着重要的作用，国家领导人在接见钱复时，选择引用《钱氏家训》中的语句，并非偶然。其四，《钱氏家训》到了今天仍可适用，依旧是金句。

《钱氏家训》志存高远，立意极高，对于子孙后代，有着特别的激励和警醒作用。钱氏一族，人才辈出，历代不绝。钱弘俶虽然被赵匡胤赐下毒酒毒死了，但没有祸及子孙，相反保全了钱氏一族，之后其发展没有受到太大的压制。钱氏一直都是临安望族，历几十世而不衰，这在中国甚至世界上也是罕见的。

当年钱镠将自己的33个儿子分头派往江浙各地，在各地繁衍生息，形成杭州钱氏、湖州钱氏、无锡钱氏等分支，之后代代分支。到了民国期间，据《钱氏家乘》统计，全国已有一百多支。现在钱氏子弟不少远赴海外，分支更多。

钱氏子孙历代都有出色的人才，状元、进士数量很多，逐渐形成了一个世人瞩目的钱氏文人群体。日本学者池泽滋子有专著，专门研究论述这一群体。钱氏重视教育，重视自身修养，重视家族整体性，重视社会责任，重视姻亲品质，重视明哲保身持续发展。经过数十世的积累，优秀子弟辈出，到了近现代，钱氏家族更是呈现出人才"井喷"的现象。随着全球化程度提高，钱氏子孙也遍布世界各地，不管在什么地方，都能听到响当当的钱氏大名。钱氏所出著名人物实在太多，其中不少钱氏名人更是家喻户晓。我们熟知的钱学森、钱永健、钱三强，均出自江南钱氏。钱学森宗属杭州钱氏；诺贝尔奖获得者钱永健也属杭州钱氏，是钱学森的堂侄；钱三强则属湖州钱氏，其父是新文化运动著名人物钱玄同；而钱伟长属无锡钱氏，与钱钟书同宗，都称国学大师钱穆为叔叔。他们无一不是业内翘楚。据统计，当代国内外仅科学院院士以上的钱氏名人就有100多位，分布于世界上50多个国家和地区；各个行业，多有钱氏子弟作为其中栋梁。

《钱氏家训》的思想起点很高，这份以王族身份立下的家训，将家与天下结合在了一起。在训诫子孙如何加强自身修养学识时，背后所隐含的是对整个天下的责任，对于黎民百姓的关爱。说钱氏子弟从小就心怀天下、志存高远是不为过的。

《钱氏家训》不仅要求子孙读书、忠恕、自守，还着眼于整个社会，希望钱氏子弟能够熟读经史，见解深刻，出入有度，泽被乡里。它对子孙的要求，不是成为一个谦谦君子那么简单，而是从一开始，就把他们放在一个需要担负起国家兴亡责任的位置上，起码也要负起乡里安康的责任。为此，他们必须有严格的自我要求与自我约束，接受完整的教育，理解祖上教他们如何联姻、理家，如何为官、从政。

同时，《钱氏家训》中所流露出的家族完整观念，历经三十几世而不衰，至今影响着整个钱氏的发展。家族经过一代代的开枝散叶，固然已经谱系复杂，远达海外，然而同根同源的钱氏之间，存在着一种精神上的联系。他们有着共同的精神特质，有着共同的高起点、高底线、高要求、高成就。这部家训，如今已融入钱氏后人血脉，成为家族最好的凝聚力。

《钱氏家训》是历代钱氏子弟的启蒙读物，开蒙之初，先学家训，潜移默化，理所当然。不知不觉间，钱氏子弟，已经将家训所训导的当成应有之义，成为一生的行为准则。这也使得他们从一开始就起点不凡，以天下为己任，视高标准为平常；再加上家族内互相良性的影响，相互提携，形成一代更比一代强的趋势。家风一旦树立，整个家族就会大批量、大规模地出人才，形成良性循环。

到了今天，《钱氏家训》不再是一家之训，而为整个社会所熟知、借鉴。其中的思想与启迪，已经成为全社会的财富。它所蕴含的精神与责任感，也值得所有人深思与借鉴。这部言简意赅、深明大义、立意高远的家训，是中华民族最宝贵的精神财富之一。

（郑　绩）

《双节堂庸训》：知人察世，经世致用

以"庸"为名非平庸

为人处世实事求是，不要空谈

读书以有用为贵

在中国传统宗法社会里，家训或称家诫、家范、家规，是家庭教育中非常重要的一环。家训不仅维护着整个家族的协调发展，规范子孙族人的行为；对整个宗族社会的稳定也起到非常重要的作用。在汗牛充栋的家训中，有一部家训非常特别，它自称"庸"，就是《双节堂庸训》。清代名幕汪辉祖在归家之后，自撰家训，有自序云："自少而壮、而老，循轨就范，庸庸无奇行也。庸德庸言之外，概非所知，故名之《庸训》。"自称"庸"，非平庸，而是着眼于人世间，以自己的人生经验作为子孙行为的参照，实际上是他一生观人察世的心得总结。

这部家训甫一问世，就很受坊间青睐。尤其是平民百姓，更觉亲切入心，对其中的阅历见解很是钦佩并接受。此书一再重印，版本众多，清代诗人戴启文、内阁学士王杰等都在不同版本上为之作序，由衷盛赞。

家训节选

人须实做

谚有云："做宰相，做百姓，做爷娘，做儿女。"凡有一名，皆有一"做"字。至于无可取材，则直斥曰"没做"，以痛绝之。故"人"是虚名，求践其名，非实做不可。

须耐困境

人生自少至壮，罕有全履泰境者。惟耐得挫磨方成豪杰。不但贫贱是玉成之美，即富贵中亦不少困境。此处立不定脚根，终非真实学问。

处丰难于处约

处约[1]固大难事。然势处其难，自知检饬，酬应未周，人亦谅之。至境地丰亨，人多求全责备，小不称副，便致謇尤[2]。加以淫佚骄奢，嗜欲易纵，品行一玷，补救无从。覆舟之警，常在顺风。故快意时，更当处处留意。

【注释】

[1] 约：困境。

[2] 謇（qiān）尤：埋怨责备。

居官当凛[1]法纪

职无论大小，位无论崇卑，各有本分。当为之事，少不循分即干功令。凡用人、理财、事上、接下，时存敬畏之心，庶几身名并泰。

【注释】

[1] 凛：敬畏、遵守。

佳子弟多由母贤

妇人贤明，子女自然端淑。今虽胎教不讲，然子禀母气，一定之理。其母既无不孝不弟之念，又无非道非义之心，子女禀受端正，必无戾气。稍有知识，不导以诳语、引以詈人[1]，后来蒙养较易。妇人不贤，子则无以裕其后，女则或以误其夫。故妇人关系最重。

【注释】

[1] 詈（lì）人：恶语向人。

教子弟须权其才质

子弟才质，断难一致。当就其可造，委曲诲成；责以所难，必致偾事。昔宋胡安国，少时桀骜不可制，其父锁之空室，先有小木数百段，安国尽取刻为人形。父乃置书万卷其中，卒为大儒。大杗细桷[1]，大匠苦心，父兄之教子弟亦然。

【注释】

[1] 大杗细桷：韩愈有云："夫大木为杗，细木为桷。"意思是不同的地方用各自合适的材料建成房屋，这是木工的心思。由此引申为因材施教。

俭与吝啬不同

俭，美德也。俗以吝啬当之，误矣。省所当省曰俭；不宜省而省，谓之吝啬。顾吝与啬又有辨[1]，《道德经》："治人事天莫如啬。"注云："啬者，有余不尽用之意。吝，则鄙矣。"俭之为弊，虽或流于吝，然与其奢也，宁俭。治家者不可不知。

【注释】

[1] 辨：不同。

疾病宜速治

疾起即药，易于见效；因循不治，医师束手。俭啬之人靳于[1]医药，猥曰[2]："死生有命。"夫疾即不死，而抱疾以生，何累如之。治家以勤，勤非康宁不可。故疾病以速治为贵。

【注释】

[1] 靳于：舍不得。

[2] 猥曰：找借口说。

勿贪重息出贷

以本生息，治家者不能不为。然借户奸良不一，最须审察。经纪诚实之人掂斤簸两，子母相权，必不肯借重息作本。其不较息钱、急于告贷者，原无必偿之志。谚所云"口渴吃咸菜卤也"，利上加利，亦所不较。而终归于一无所偿。故甘出重息之户，不宜出贷。

债宜速偿

假债济急，即当先筹偿之之术。与人期约，不可失信。谚云"有借有还，再借不难"，真格言也。因循不果，至子大于母，则偿之愈难，索之愈急。不惟交谊终亏，势且负累日重。

勿营多藏

力求储积为子孙计，非不善也。然子孙之贤者，不赖祖父基业；

苟其不肖，多财何益？天下总无聚而不散之理。苦求其聚，凡可以自利者，无所不至，阴谋曲构[1]，鬼笑人诅。聚之愈巧，散之愈速。惟勤俭所遗，庶几久远耳。

【注释】

[1] 曲构：想办法获取。

勿欺

天下无肯受欺之人，亦无被欺而不知之人。智者，当境即知；愚者，事后亦知。知有迟早，而终无不知。既已知之，必不甘再受之。至于人皆不肯受其欺，而欺亦无所复用；无所复用，其欺则一步不可行矣。故应世之方，以勿欺为要，人能信我勿欺，庶几利有攸往。

大节不可迁就

一味头方亦有不谐，时处些小通融，不得不曲体人情。若于身名大节攸关，须立定脚跟，独行我志。虽蒙讥被谤，均可不顾。必不宜舍己徇人[1]，迁就从事。

【注释】

[1] 徇人：附和他人。

宁吃亏

俗以"忠厚"二字为"无用"之别名，非达话也。凡可以损人利己之方，力皆能为而不肯为。是谓宅心忠待物厚。忠厚者，往往吃亏，为儇薄人[1]所笑。然至竟不获大咎[2]。

【注释】

[1] 儇薄人：刻薄、有点小聪明自以为精明的人。

[2] 大咎：大的过错，大的危机。

遇事宜排解

乡民不堪多事，治百姓当以息事宁人为主。如乡居，则排难解纷为睦邻要义。万一力难排解，即奉身而退，切不可袒佑激事。如见人失势，从而下石，尤不可为。为者，必遭阴祸。

信不可失

以身涉世，莫要于信。此事非可袭取，一事失信，便无事不使人疑。果能事事取信于人，即偶有错误，人亦谅之。吾无他长，惟不敢作诳语。生平所历，愆尤[1]不少，然宗族姻党，仕宦交游，幸免龃龉。皆曰某不失信也。古云："言语虚花，到老终无结果。"如之何弗惧！

【注释】

[1] 愆尤：张衡《东京赋》："卒无补于风规，只以昭其愆尤。"指罪过。

保全善类

浇薄之徒，恶直丑正，非其同类，多被谤毁，受摧折。专赖端人君子为之调护扶持。遇此种事务，宜审时察势，竭力保全；切勿附和随声，致善类无以自树。事之关人名节者，更不可不慎。

知受侮方能成人

为人所侮，事最难堪。然中人质地快意时，每多大意，不免有失。无端受侮，必求所以远侮之方；遇事怕错，自然无错；逢人怕尤，自然寡尤；事事涵养气度，即处处开扩识见。至事理明彻，终为人敬礼。余向孤寒时，未知自立，幸屡丁家衅，受一番侮，发一

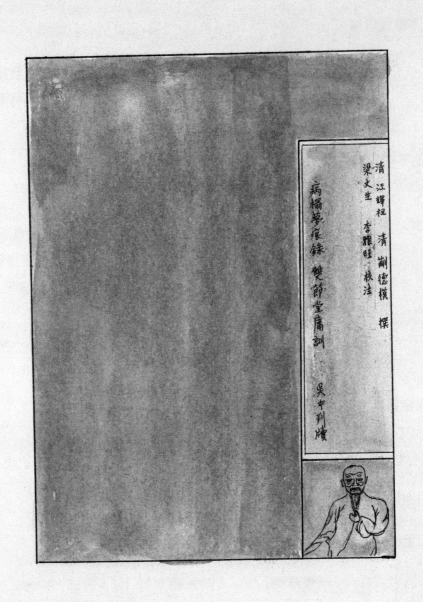

◎《双节堂庸训》，汪辉祖（清代） 著

回愤，愈侮愈愤，黾勉[1]有成，故知受侮者方能成人。

【注释】

[1] 黾勉：勤勉。

宜令知物力艰难

巨室子弟，挥霍任意，总因不知物力艰难之故。当有知识时，即宣教以福之应惜。一衣一食为之讲解来历，令知来处不易。庶物理、人情，渐渐明白。以之治家，则用度有准；以之临民，则调剂有方；以之经国，则知明而处当。

宜令习劳

爱子弟者动曰："幼小不宜劳力。"此谬极之论。从古名将相，未有以懦怯成功。筋骨柔脆，则百事不耐。闻之旗人教子，自幼即学习礼仪、骑射。由朝及暮，无片刻闲暇。家门之内，肃若朝纲。故能诸务娴熟，通达事理，可副国家任使。欲望子弟大成，当先令其习劳。

宜令知用财之道

财之宜用与用之宜俭，前已详哉言之。但应用不应用之故，须令子弟从幼明晰。能于不必用财（如僭分、继富等类）及万万不可用财（如缠头、赌博等类）之处，无所摇惑，则有用之财不致浪费。遇有当用（如嫁婚、医药、丧祭、赠遗等类）之处，方可取给裕如，于心无疚。

父严不如母严

家有严君，父母之谓也。自母主于慈，而严归于父矣。其实，子与母最近，子之所为，母无不知，遇事训诲，母教尤易。若母为护短，父安能尽知？至少成习惯，父始惩之于后，其势常有所不及。慈母多格，男有所恃也。故教子之法，父严不如母严。

读书以有用为贵

所贵于读书者，期应世经务也。有等嗜古之士，于世务一无分晓。高谈往古，务为淹雅。不但任之以事，一无所济；至父母号寒，妻子啼饥，亦不一顾。不知通人云者，以通解情理，可以引经制事。季康子问从政，子曰："赐也达，于从政乎何有？"达即通之谓也。不则迂阔而无当于经济，诵《诗三百》虽多，亦奚以为？世何赖此两脚书厨耶！

艺事无不可习

人惟游惰，必致饥寒。其余一名一艺，皆可立业成家。但须行之以实，持之以恒。有一事昧己瞒人，便为人鄙弃。昔仁和张氏，以说书艺花为生，得有辛工，随手散去。有劝其为子孙计者。曰："吾福子孙多矣。"诘之。曰："若辈生具耳、目、手、足，尽可自活。"真达识哉！

作事须专

无论执何艺业，总要精力专注。盖专一有成，二三鲜效。凡事皆然。譬以千金资本专治一业，获息必夥[1]。百分其本，以治百业，则不特无息，将并其本而失之。人之精力亦复犹是。

【注释】

[1] 夥：多。

穷达皆以操行为上

士君子立身行世，各有分所当为。俗见以富贵子孙，光前耀后，其实操行端方，人人敬爱。虽贫贱终身，无惭贤孝之目。若陟高位、拥厚资，而下受人诅，上干国纪，身辱名裂，固玷家声；即幸保荣利，亦为败类。

人当于世有用

"有用"云者，不必在得时而驾也。即伏处草野，凡有利于人之事，知无不为；有利于人之言，言无不尽。使一乡称为善士，交相推重，皆薰其德而善良，是亦为朝廷广教化矣。硁硁然[1]画地，以趋求为自了汉，尚非天地生人之意。

【注释】

[1] 硁硁然：《史记·乐书》："石声硁。"硁，击石声。固执而浅薄。

恶与过不同

"恶"与"过"迹多相类，只争有心无心之别。过出无心，犹可对人；若有心为恶，则举念时干造物之诛，行事后，致世人之怒。不必其在大也，大事多从小事起，必不可为。

清议不可犯

常人谗口势固不能尽弭[1]，然不授之以隙，亦未必无端生谤。至为士君子清议所不容，则真有觍[2]面目矣。故事之有干清议者，虽有小利，断不可忍耻为之，流为无所忌惮之小人。

【注释】

[1] 弭：消散。

[2] 觍：羞于见人。

宜知盈虚消长之理

谚云："十年富贵轮流做。"庚金伏于盛夏，暑气方炎，凉飙旋起。处极盛时，非刻刻存敬畏之心，必不能持盈保泰。艺花者，费一年辛力，才博三春蕊发，花开满足，转眼雕零甚矣。兴之难，而败之易也。梅之韵幽而长；桂之香艳而短；千叶之花无实。故发泄不可太尽，菁华不宜太露。余自有知识讫于今兹，五六十年间所见，戚友兴者什之二，败者什之八。大概谨约者兴久，放纵者败速。匪惟天道，有人事焉。知此义者，可以蕃后。

人在自为

天之生人，原不忍令其冻饿，虽残废无能，尚可名一技以自活，况官体具备乎？上之可为圣、为贤；下之至为奸、为慝[1]；贵之可为公、为卿；贱之至为乞、为隶。在人之自为，而天无与焉。父母之于子亦然。

【注释】

[1] 慝（tè）：邪恶的人。

善恶不在大

有利于人，皆谓之善；有损于人，皆谓之恶。不必显征于事也。一念之起，鬼神如见，尚不愧于屋漏，君子所以慎诸幽独。凡人发念，大都专求利己，故恶多于善。久之习惯，尽流于恶所。当于童稚时，即导以善端。童稚无善可为，但节其嗜好，正其爱恶，使之习大驯顺，不敢分毫恣纵，自然由幼至长，渐渐恶念少而善念多，可为树德之基。

◎ 汪辉祖画像

《双节堂庸训》解读

《双节堂庸训》分为六卷

卷一《述先》，追述了汪家的家世，讲述了祖父母、父母的生平。汪辉祖是庶出，先后有两位母亲，书中都有详细交待。卷六《述师述友》则记载了师友的生平事迹，每人几十字，点评落睛。

卷二《律己》，所论为修身之道。其中大多为他自己的人生经验之谈，很多颇有启发意义。比如"处丰难于处约"。人在困窘之中，固然难过，但是自知境地不佳，也会识趣，在应酬上不太周全，别人也会原谅。若处境优裕，别人就会求全责备；在一些细节上，若是和别人认为的丰裕情形稍有不符，便导致怨言。而且生活优越就容易淫佚骄奢、放纵欲望，不约束自己的行为，一旦品行有污，就无从补救了。所以得意时，更应当处处留神。这是一个常年宦游的绍兴师爷对于人生的观察，既有老于世故的如履薄冰，也有以儒入道的文人情怀。在读书人的底子上，渗透进世俗心得，这是《双节堂庸训》的基调，也是它区别于其他文人家训的地方。

卷三《治家》，其内容主要集中在如何更好地维护家庭秩序、管理家庭产业、组建家庭结构，以及协调家庭成员上。其中有不少关于妇德的说法，现在已经不太适用了。但是还是有几句至今仍有启发意义，比如"齐家须从妇人起"、"佳子弟多由母贤"等。在目前还是由女主内为主要模式的家庭中，女性对于家庭稳定和子女教育的作用仍然是值得重视的。这一卷中还讲到不少如何看待钱财的方式，多有见地。比如"俭与吝啬不同"、"取其流无取其滞"等，均在生活的幽微处独有体会，今天看来，仍有借鉴意义。

卷四《应世》，则更多涉及如何为人处世，用自己的人生经验教导子孙接人待物。其中有大量明哲保身的内容，从中可以见到作者一生的识世积淀。这卷内容最受欢迎，常常被引用。其中有一些语句看似朴素，至今仍是启迪之论。比如"勿轻作居间"、"贷亲不如贷友"、"宁吃亏"、"与人共事不可不慎"等，都是经验之谈。

卷五《蕃后》，专门讲述子女教育的。其中的大部分，今天看来仍然适用，比如"知物力之艰难"、"杜华奢之渐"、"勿游手好闲"、"勿自是"、"须学为端人"等。更难得的是，汪辉祖本身不固执于功名，认为"读书以有用为贵"，除了"业儒治生"以外，各种手艺都可以学习，这个观点即使放到今天，对于一众望子成龙的"虎爸虎妈"，都是很有参考价值的。

卷六《述师·述友》，讲述应试、受业等内容。

《双节堂庸训》的撰著者

汪辉祖，字焕曾，号龙庄，晚号归庐，浙江绍兴府萧山县人。生于清雍正八年十二月（1731年1月），卒于嘉庆十二年（1807），终年七十八岁。他是一名良吏名幕，也是一个学者。他十七岁入县学，九应乡试，四上公车，于乾隆四十年（1775）中进士。从乾隆十七（1752）年至五十年（1785），在江浙地区佐理州县幕府长达三十四年。后为官四年，历任湖南宁远知县、道州知州。归里后，以读书著述自娱而终。

汪辉祖是清乾嘉年间的绍兴师爷，清代的幕府制度造就了汪辉祖这样的刑名师爷。佐治、为官，近四十年的官场经历，令他有独特的处世思想。比较难得的是，汪辉祖生平交游多为当时名流，既有中国传统儒士的品德操守，又有长期基层从吏经历，这使得他的思想不僵不腐，不失名儒风范。

他少孤家贫，庶出，但是独子，上有两个姐姐，下有两个妹妹。五岁丧嫡母（父亲的妻子方氏，非作者生母），父亲续弦；11岁时，父亲汪楷病逝在游幕路上。生母和继母日夜操劳供他入塾读书。乾隆十年（1745），塾师因病离馆，家中无力再助他从师，遂改由两位母亲督导苦读。汪辉祖曾在书中写道，偶尔读书懈怠，生母徐氏就将荆条交给继母王氏，王氏就命他跪在父亲遗像前，用力鞭打，打着打着，一家人抱头痛哭。《双节堂庸训》，所谓"双节"，就是指他有两位守节的好母亲：生母徐氏与继母王氏。

几年后，他成为生员，遂开课授徒，只是塾师报酬微薄，不能养家，不得已而从幕。然而他终究还是想走功名的路子，"逢场必到，死而后已"。汪辉祖一边佐幕，一边参加科举考试。乾隆二十四年（1759），汪辉祖遇到了孙尔周。孙尔周是乾隆十年的进士，曾官居四川宁远知府，他认为汪辉祖"文不合格"，不懂得作文之法，遂授以"场屋律度"，讲解如何布局炼字。经过此番指点，汪辉祖终于在科举上开了窍。

经过屡败屡战，到了44岁，汪辉祖终于中了进士，完成了光宗耀祖的任务。

明清时期的绍兴，具有培养与造就师爷的独特传统。绍兴自南宋以来，人口密度一直居全国前列。水路是古代最重要的交通路线，绍兴水路发达，出游方便，游幕遂成传统之一。绍兴科举业发达，一方面人才辈出，另一方面录取困难，大量落榜考生怀才不遇，面临生存问题。较之农工商贾，游佐官府是更好的选择；再加上绍兴人有从吏的历史传统，到了清代已有垄断之势。在这种情况下，汪辉祖选择以幕养学，是非常自然的。

汪辉祖从吏数十年，看惯人间冷暖，经手无数诉讼，锐眼看世界，世故人情，都在此间。所以后来汪辉祖回到家乡后，基本闭门不出，"终岁或不入县门"，在家著书立说，与官府保持距离，以免是非。各地方大员纷纷遣人上门，聘其入幕，浙江巡抚吉庆更曾当面邀请他辅佐政务，都被他婉谢。后来吉庆升任两广总督，又专使延请，直至请萧山县令上门游说，汪辉祖仍然称疾不去。

经世致用的家训精神

《双节堂庸训》就是在这种情形下写成的。汪辉祖将一生的经验与思考，都留在了这部对子孙的训诫中。"经世致用"是他写作此家训最基本的思想，他认为处世为人应该实事求是，不要空谈。他所写的这些家训，用字质朴，语句平实，都来自他数十年的人生体会与思考。

汪辉祖生有五子，均有才华：长子汪继坊，清乾隆丙午年（1786）举人，候选直隶州同知；二子汪继墉，福建长泰县典史；三子汪继埩，候选九品；四子汪继培，字因可，一字厚叔，号苏潭，清嘉庆十年（1805）进士，官至吏部主事；五子汪继壕，号萧山主人。汪辉祖的五个儿子中，前三位少有记载，后两位在民国24年的《萧山县志稿》中有简述。其中汪继培官至吏部文献司主事，其父晚年患病，由汪继培续成《辽金元三史同名录》《九史同名录》等作；其诗《湘湖竹枝词》，生动地描述了清乾嘉年间萧山湘湖的美丽风光、风物特产。该志稿还收录了汪继壕的《北苑贡茶录注》《北苑别录注》《烟草谱》等13部著作书目，说明他对农业和茶事有相当研究。

汪辉祖同时还是一个藏书家，建有"环碧山房"。他教子有方，四子五子都继承文事。四子汪继培从官场辞归以后，在家搜罗藏书、研究经史不倦。他偏向收藏经部、集部书籍，并编校成"湖海楼丛书"。他校勘甚精，辑有《尸子》3卷。汪继培与同里著名藏书家陈春志趣相投，两人常常交流善本，互相切磋。陈春同时还刊书刻书，每次刊印新书，都请汪继培校定。汪继培自己著作的《潜夫论笺》，就由陈春刊发。

乾隆五十八年（1793）后，在汪辉祖的主持下，在家乡的汪继培与五弟汪继壕分家。汪辉祖称："培儿尚知慕学，匙归收管。培如他出，听其交托，但不得付不知学问之人经手。""环碧山房"的藏书于是归汪继培保管。汪继壕号"萧山主人"，也喜欢藏书，偏向于收集类书和说部，他另有藏书堂名为"撰美堂"，藏书印有"萧山汪氏环碧山房珍藏"。

《双节堂庸训》可以说是为平民百姓所设的家训，可贵的是，他并不一味从俗，而是结合了圣贤之道，颇有君子自守的风范；虽然小心，却并不猥琐；少了道学气，但保留了儒家精神。在每个条目之下，他都会有一些说明，不少会佐以证例，而这些例子都来自他的亲身经历或是耳闻目睹，既是经验教训，又有人生感悟。

比如"嫉恶不可太甚"。汪辉祖本人生性嫉恶如仇，见到厌恶的人事，心中常常大半天过不去。之后读史事，惭惭领悟，明白了善恶之际，别有曲折。嫉恶太过，大则误国，小则伤身，正所谓刚则易折，过犹不及。这层领悟，若不是亲身经历，又读史批鉴，再加上悟性思考，是无法理解的。

又如"受怜受忌皆不可"。出身贫寒、才干过人却屡试不第的汪辉祖，一生想必受怜受忌都不少。少时不得明师，家无余财，请不起老师，只得四处附学、自学，其中的艰辛曲折可以想见。寒家子弟，游幕四方，既敏感自尊，又要自保谋生，但依然心存志气，想要耀祖光宗，心中种种滋味，自然都是人生积淀。汪辉祖自觉"堂堂丈夫"，被人怜悯，这是他的自尊心所不能接受的。

汪辉祖是干吏，平时处理讼事，严谨依律。他写的家训也是如此，在论述上层层递进，说理明晰，且浅近易懂，往往于日常不被人注意处发启人深省之语。这些话，既有市井智慧，也有文人操守；既贴近生活，又高于普通见识；既从小处着眼，又有人生大义，因此极受百姓欢迎，长盛不衰。《双节堂庸训》虽自称其"庸"，但不是平庸，不是庸俗，也不仅仅是中庸，而是告诫后人要知道自己的位置，是实实在在的生活之训。

（郑　绩）

《查氏家训》：书香门第，诗文传家

凡为童稚，读书为本
讲伦理、守道德、重规范
一门十进士，叔侄六翰林

海宁查氏定居袁花后，为加强家族凝聚力，形成良好家风，在当地站稳脚跟、出人头地，加强了家族建设。三世贫乐公查澄逐渐意识到家训在凝聚查氏、教育族人、形成良好家风方面的重要性，所以他在年老的时候，总结自己一生的生活经验和思考所得，写下了海宁查氏家谱中记载最早、内容最完整、结构最合理、最为大家所熟悉的家训。正是家训精神的影响，成就了海宁查氏的仕宦之家、书香门第。

家训节选

今我年老，戒尔诸孙：凡为童稚，读书为本。勤俭为先，兼知礼义。及其成人，五常[1]莫废，出则有方[2]，入则孝悌[3]。兄弟之间，本同一气，切勿相争，自相弃矣。姒娌之间，纺织为最，虽云异性[4]，和如姐妹。

戒尔子孙：毋贪于酒，酒能乱性，亦能招祸；毋贪于色，色能丧身；毋学赌博，赌则败家；毋好争讼[5]，讼则受辱。凡此四事，警之戒之。

和于邻里，睦于亲戚。择良而交，见恶[6]责己[7]。毋堕[8]农业，毋失祖业，顺之则行，逆之则止。言必择善，行必和缓，毋以暴怒，招其祸衍。食但充口，毋贪美味；衣但蔽寒，毋贪绫绢。非礼毋取，量力节俭。凡使奴婢，亦当宽缓。凡此数事，斟酌[9]而行。

戒尔子孙，谨守良规，从之者昌，逆之者殃，成败之际，如在反掌。①

【注释】

[1] 五常：指仁、义、礼、智、信五种道德品质和行为规范。

[2] 方：规矩。

[3] 孝悌：孝敬父母，尊重哥哥姐姐。

[4] 异性：性通姓。古代习俗同姓不能结婚，所以哥哥、弟弟的妻子，都是外姓人家。

[5] 讼：诉讼，打官司。

[6] 恶：缺点。这里指有缺点的人。

[7] 责己：反省自己。

[8] 堕：通"惰"，懒惰，偷懒。

[9] 斟酌：反复考虑，思量。

【翻译】

现在我老了，告诫规劝你们这些孙辈：在儿童少年时期，要把读书作为根本，要好好学习。要把勤劳节俭放在第一位，同时做有礼貌守规矩的人。到了长大成人，要遵守仁、义、礼、智、信的道德规范，不能违背。到外面去，要懂得为人处世的道理；

---

① 选自《海宁查氏》，中国书画出版社，2006 年出版。

◎ 澹远堂内景

回到家里，要孝敬父母、尊重哥哥姐姐。兄弟姐妹之间，都是父母的子女，亲如骨肉，不要相互争吵，相互抛弃。嫂嫂、弟媳妇之间，要以纺织为重，虽说是姓氏不同，但要像姐妹一样和气。

告诫规劝你们这些子孙：不要多喝酒，酒会扰乱自己的心性，也会招致灾难；不要贪美色，美色会让人丧失生命；不要去赌博，赌博会败坏家业；不要动不动跟人争斗打官司，这样反被欺辱。这四件事情，要时刻警惕告诫自己，千万不能在这上面犯错。

要与邻居友好相处，跟亲戚相互亲近。要选择有道德的君子进行交往，看到有缺点的人，要反省自己，有则改之，无则加勉。干农活不能偷懒，遗留的祖先家业不能败坏，顺应这个道理的就去做，违背这个道理的就不要去做。说话一定要选择和气的言语，行为一定要平和舒缓，不要因为暴怒招致灾祸。吃饭但求饱，不要贪图山珍美味；穿衣但求暖，不要贪求绫罗绸缎。不符合礼仪规范的东西不要，做事要量力而为，节俭持家。凡是使用奴婢的，也要宽厚和缓。上面这几件事情，要仔细考虑并认真去执行。

告诫规劝你们这些子孙：要严格遵守家训规定，严格遵守就会兴旺发达，反之就会遭受灾祸。成功失败就如翻一下手掌，是很容易发生的，切勿放松警惕。

查氏源流

查姓，源于周朝姬姓。周成王封他的叔叔周公旦的儿子伯禽于鲁国，即现在的山东一带。春秋时期，伯禽后裔中的姬延，被封到"柤"（查的古字），之后就以封地为氏，改姓为"查"，此即为中华查姓的始祖。

五代十国时期，查氏第50代孙、南唐军事将领查文徽的弟弟查文徽举家迁到安徽婺源（现属江西）定居。直到元末天下大乱，其后人查瑜（又名均宝）为躲避兵乱，率家人一路迁徙到浙江。因为安徽婺源家乡有座"凤山"，查瑜来到海宁袁花发现有座"龙山"，龙凤呈祥，非常吉利，于是定居下来。

海宁袁花位于杭嘉湖平原，靠近钱塘江，紧邻沪苏杭，自然条件优越，水陆交通便利，经济发展迅速，文化氛围浓厚，自古就是鱼米之乡、人文荟萃。坐落在海宁袁花的金庸旧居，远远望去，白色的围墙，青灰色的砖瓦，在蓝天白云的映衬下，别有一番意境。走进大堂，赫然映入眼帘的是"澹远堂""敬业堂""唐宋以来巨族，江南有数人家"等匾额和对联，显示出家族的气势与辉煌。后厅左边陈列着金庸一生的生平事迹，右边陈列着海宁查氏的家族历史，由此可以读出一位名人和一个世家大族的历史，从而走近大侠金庸和海宁查氏。

海宁查氏在袁花定居已近700年，他们在此繁衍生息，逐渐成为一方望族。在家训的熏陶下，查氏在各历史时期涌现出一批批优秀的子孙。明代有查约、查秉彝、查继佐，清代有查慎行、查嗣韩、查昇，近代以来有查良铮（穆旦）、查良镛（金庸）、查济民等著名人士。得益于家训的熏陶、传承，查氏在诗歌、书法、小说等人文领域，取得了令世人瞩目的成就。

守道德、重规范，诗文传家

海宁查氏，经血缘传承，渐渐形成一个聚居的大家族。由于族大人多，关系复杂，所以需要制定家族规范来调节族人之间的关系，并探寻适合家族发展的道路。经过族人世代努力，海宁查氏逐步形成和完善了自己的家训体系，并形成了自己的特色。

翻开《海宁查氏》家谱，可以发现，除查澄的家训外，历史上查绘、查约、查秉直、查秉彝、查继佐、查慎行、查昇等人均留有家训。这些家训，均倡导尊敬长辈、和睦相处的伦理道德，要求言行规范、不沾恶习，鼓励读书为本、诗文传家。

中华民族历来重视人际关系，传统社会中处理君臣、父子、兄弟、夫妇、朋友之间关系的准则是忠、孝、悌、忍、善，即所谓五伦。

海宁查氏在处理人际关系方面也形成了自己的家族规范："及其成人，五常莫废，出则有方，入则孝悌。兄弟之间，本同一气，切勿相争，自相弃矣。妯娌之间，纺织为最，虽云异性，和如姐妹。"这种处理父子、兄弟、妯娌关系的规则以及"和于邻里，睦于亲戚"的规范，营造出家族内外团结、和谐的环境，增强了家族的亲和力、凝聚力，促进了家族发展。

"良言一句三冬暖，恶语伤人六月寒"，"言必择善，行必和缓，毋以暴怒，招其祸衍"。为了规范家族人员的言行，树立良好的家族风气，查氏家训不忘教育自己的子孙，做懂礼貌、讲规矩、有道德的君子。即言语须要温文，行动须要谨慎；话不可说绝，事不可做尽；行为慎重、依礼而行。同时，查澄在家训中对酒、色、赌、讼提出了禁止性的规定，告诫子孙切勿行此，要依礼而行，做有操守、有道德的君子。

古代农业社会讲求耕读传家，故尤其重视读书应举。一旦考中进士，入朝为官，在实现个人价值的同时，还能光大家族门第，为家乡赢得荣誉。因此，海宁查氏把"读书为本"作为对童稚的要求，教育后人无论贫富、智愚都要把读书当作常业，倡导终身学习；都要把读书当作人生的追求，成为习惯，作为道德修养的重要方式。使子孙富不为非、贫不失节。所以，海宁查氏后人多以读书起家，科举入仕，诗文传家，留下了"一门十进士，叔侄六翰林"的美谈。

家族史话

贫乐公查澄一生酷爱读书，也懂得读书的重要性，因此在家训中强调"凡为童稚，读书为本"。这份家训像一位慈祥的长辈在晚辈们的耳边谆谆教导，其中蕴含的深切期望与"苦口婆心"，成为千百年来无数海宁查氏后人成长、奋斗的根基，使他们得以从一位位稚子幼童、顽皮少年成长为留名青史的杰出人物。

根据家谱统计，从明朝查约考中进士算起，到清末金庸祖父查文清得中最后一位进士，海宁查氏一脉共有举人49人、进士21人、贡生80人、其他科举出身的31人。以下列举海宁袁花查氏各界名人如下。

书法名家查昇：查昇（1650—1707），字仲韦，号声山。清康熙二十七年（1688）进士，选翰林院庶吉士，授编修。康熙年间，朝廷选陪在皇帝身边供其咨询的儒臣，经人推荐入直南书房多年，累迁至少詹事。

他为人谨慎勤敏，书法秀逸，颇有董其昌神韵，小楷尤为精妙，深得康熙喜爱，称赞"他人书皆有俗气，惟查昇乃脱俗耳。用工日久，自尔不同。"清代杨宾曾在《大瓢偶笔》中写到："声山（查昇的号）一本于董（指明代著名书法家董其昌），而灵秀亦相似。"康熙曾赐书画、笔砚、宅邸给他，并亲自为他题写"澹远堂"作为堂名。

查昇品行高洁，待人不分贵贱，一视同仁。各地向他要字画的人很多，他经常在晚上燃烛挥毫，为大家书写字画；时人称查昇书法、查慎行诗、朱白恒画为"海宁三绝"，可见其成就之高。查昇著有《澹远堂集》遗世。

◎ 海宁硖石老街南关厢

烟波钓徒查慎行：查慎行（1650—1727），字悔余，号他人，因晚年居初白庵，又称查初白。康熙四十二年进士（1703），授翰林院编修，入直南书房，清代著名诗人。

查慎行初名嗣琏，5岁能作诗，6岁通声韵，善于对对子。他曾就学于著名学者黄宗羲，学习四书五经。他年轻时，出门远游，走遍西南、华中、华北、东南各地，写出了很多优秀的描写山川景色的诗歌作品，赢得了很大声誉；他考中进士做官后，曾经三次跟随康熙巡游塞外，用诗歌的方式记述巡游期间看到的塞外风土人情，获得康熙器重。

他的诗歌创作，受苏东坡和陆游影响很大。清初诗人多学唐，查慎行则兼学唐宋，这使他成为清初效法宋诗最有成就的诗人，也成为清代诗词大家朱彝尊去世后东南诗坛的领袖，被誉为清代六家之一。

清代文史学家赵翼曾在《瓯北诗话》中写道"梅村（指清初著名诗人吴伟业）后，欲举一家列唐宋诸公之后者，实难其人。惟查初白才气开展，工力纯熟"，"要其功力之深，则香山（指白居易）、放翁（指陆游）后一人而已"。

月黑见渔灯，孤光一点萤。

微微风簇浪，散作满河星。

这首《舟夜书所见》被选入当今小学生必读古诗词，可见查慎行诗歌的影响力之大。

康熙二十八年（1689），查慎行因洪昇的《长生殿》在皇后忌日演出被牵涉其中，遭到革职。流放原籍后改名慎行。他曾受到康熙皇帝赏赐鲜鱼，作《纪恩诗》一首，其中一句"笠檐蓑袂平生梦，臣本烟波一钓徒"，受到康熙肯定，宫内后称他为烟波钓徒查翰林，用来区别同朝为翰林的查嗣瑮、查昇。康熙五十二年（1713），退休回到家乡，筑"初白庵"以居，潜心著述，人称初白先生。雍正四年

（1726），因弟查嗣庭陷文字狱，受到牵连，被捕入狱。次年获释回到故里，不久辞世。

生死文字狱查嗣庭：查嗣庭（？—1727），康熙四十五年（1706）中进士，选庶吉士，后来得到雍正皇帝的舅舅隆科多赏识，累官至内阁学士礼部侍郎。雍正四年（1726），为江西乡试主考官。他严格按照出题要求，从四书五经中摘录经句"君子不以言举人，不以人废言""君犹腹心，臣犹肱骨""正大而天地之情可见矣""百室盈止，妇子宁止"等，作为试题。然而，雍正皇帝为了打击科隆多一派势力，借此次出题，将查嗣庭打倒。指其所出题目对朝廷保举人才的政令怀有不满，不尊称皇帝，分明是不尊重皇帝，有意侮辱皇帝的尊威，更为严重的是把"正"和"止"联系起来思考，"正"是雍正皇帝的年号，"止"是没有"一"的"正"，那不就是暗示要砍雍正皇帝的人头嘛。

雍正皇帝借此机会，大兴文字狱，把查嗣庭戮尸枭首，株连亲族子弟多人，并且暂停了浙江乡试（三年后恢复）。从中可见清代文字狱的严酷。

晚清时代变革，科举制被废除，海宁查氏家族子弟转向现代学堂，后人求学于大江南北、欧美各地，用自己所学，在各领域为祖国做出了新的贡献，也迎来了家族新的辉煌。

孩子头查良钊：查良钊（1896—1982），字勉仲，出生于天津，著名教育家、社会活动家。他先后就读于南开中学、南开英语专修学校、清华留学专修学校。1912年到美国留学，在芝加哥大学、哥伦比亚大学学习，分别获教育学学士和硕士学位。

查良钊1922年回国，先后任北京师范大学教授兼教务长、河南大学校长，先后兼任河南省、陕西省教育厅厅长，西南联大教授兼训导处处长，国立昆明师范学院院长（原西南联大师范学院）。1949

年，他到印度首都新德里参加联合国教科文组织的成人教育会议，次年任德里大学客座教授。1950年他到台湾，任台湾大学教授兼训导处处长，先后任侨生辅导委员会主任、台湾"考试院"考试委员、台湾清华大学校友会会长等职务。

1921年，讨论"一战"善后问题的华盛顿会议期间，查良钊和罗家伦、蒋廷黻等留美学生组成"中国学生华盛顿会议国民后援会"，被推举为干事长，并与作为观察员的国内国民后援会的代表蒋梦麟取得了联系，互相合作，支援参会的中国代表团。此举继承和发扬了五四学生运动精神。

1930年陕西大旱，时任华北慈善联合会总干事的他，深入灾区访问，发起"三元钱救一命"运动，向各地募款救灾，并联合华洋义赈会修建泾渭渠。1931年，长江水灾，他出任长江水灾赈济委员会常委兼灾区工作组织总干事，救助灾民无数。1937年，抗日战争全面爆发，他以教育部参事和赈务委员会专员的身份，办理北方战区青年学生的救助事宜。1938年，他带领在西安收容的战区中学生1700余人，由陕西凤翔县步行至甘肃天水县，创办国立第五中学。

他在灾区被灾民亲切地称为"查菩萨""查活佛"，在学校，被学生称为"孩子头""学生保姆"。他的诗歌《孩子头》，形象生动地描绘了他的大半生，诗文如下：

孩子头，孩子头，有颗赤子心，走遍天下不知愁。

尽所能，取所需，凭着赤子心，为人服务何所愁？

不怨天，不尤人，发挥赤子心，教教学学何所忧？

既不愁，亦不忧，保我赤子心，观化乐天更何求？

杰出诗人穆旦：穆旦（1918—1977），著名诗人、翻译家。原名查良铮，后来把查字上下拆开写成"木旦"，"木"与"穆"谐音，以"穆旦"为笔名，从此以笔名为世人所熟悉。

穆旦在南开中学读书时，便对文学产生浓厚的兴趣，开始写诗。在清华大学外文系学习时，已在香港《大公报》副刊和昆明《文聚》上发表了大量的诗歌作品。西南联大毕业后他留校任教，并自愿报名被选为杜聿明的翻译，跟随中国军队入缅作战。这极大地丰富了他日后创作的题材，也深刻地转变了创作的风格。1949年，穆旦赴美留学，就读于芝加哥大学英国文学系，获得文学硕士学位。回国后，他任教于南开大学外文系，后调到图书馆工作，1977年因心脏病突发逝世。

穆旦在新中国成立前主要从事诗歌创作，之后主要从事欧美著名诗人诗歌的翻译，这些构成了穆旦一生的诗歌文学成就。

他创作的主要诗集有：《探险队》《穆旦诗集（1939—1945）》《旗》等。闻一多编辑《现代诗钞》，选入穆旦诗歌达11首，仅次于同是海宁诗人的徐志摩，可见他的诗歌创作水平之高、数量之多。

他翻译的主要是俄国诗人普希金，英国诗人雪莱、拜伦、济慈等的作品。作为诗人，他翻译的诗歌作品，往往比别人多了一个视角，翻译得更好，这使他的很多译作产生了极大的影响，尤其是他翻译的拜伦的《唐璜》，成为最好的版本之一，影响了一代学人。

香港实业家查济民：查济民（1914—2007），字惠时，香港著名实业家、爱国人士。1914年出生于海宁，少年求学于浙江公立工业专门学校染织专业。毕业后在常州、上海、重庆等地纺织厂担任工程师、厂长、经理。1947年，在香港创办中国染厂，后任董事长。之后他到世界各地学习纺织印染工艺，积极引进海外的先进技术，将企业发展壮大成为拥有兴业等十几家工厂的企业集群。20世纪60年代，他前往非洲加纳、尼日利亚、多哥等国发展纺织业，从开办农场种植棉花到纺织、印染，集原料生产、加工、销售于一体。之后不断

◎ 金庸旧居

更新机器设备，扩大生产，这使他很快成为国际著名的"非州纺织大王"。此后他将集团业务扩展至房地产、科技投资及金融服务等行业，业务遍及中国、东南亚、非洲、欧洲及美洲等地。

半个多世纪以来，查济民虽然身在香港，但心系桑梓，爱国爱乡之心始终不渝。改革开放后，他先后在家乡海宁创办海宁纺织综合企业有限公司、新伟皮件厂、袁花纺织有限公司、海新纺织有限公司等，支持家乡经济建设。当合资企业年终分红征求他意见时，他慷慨地将份内红利投入再生产之用。他先后出资设立桑麻基金会、求是科技基金会，鼓励和扶助中国纺织业的发展，奖励在科技领域上有突出贡献的学者。他曾任香港基本法起草委员会委员。他曾向邓小平建言"香港发展快，一靠人、二靠钱，如果人走了，钱走了，香港就不成为香港了，只会剩下一座水泥森林"。他和金庸先生在香港基本法起草委员会会议上，联袂提出香港政治制度过渡应实行循序渐进的民主选举的主流方案，即著名的"双查方案"，为香港顺利回归祖国并保持繁荣稳定做出了重大贡献。

他同时也是位诗人，与夫人刘璧如一起创作了《惠联诗集》。1988年，他仿陆游《示儿》写了一首《借放翁句告儿孙》，表达自己深切的爱国情怀：

> 死去原知万事空，但悲十亿尚寒穷。
> 期增品德树威信，兼树谦勤笃实风。
> 曲巷千家齐奋发，华都百业皆图鸿。
> 神州经技飞腾日，家祭毋忘告乃翁。

2007年春天，查济民逝世，归葬故乡海宁袁花，墓前有他自拟的对联"花香小院外，叶落大坟头"。

大侠风范金庸：金庸（1924— ），本名查良镛，出生于海宁袁花，是当代著名的武侠小说家、报人、政治评论家、社会活动家、学者，也是企业家。

金庸一共创作了十五部武侠小说，可以用一副对联简要概括：飞雪连天射白鹿，笑书神侠倚碧鸳。横批：越女剑。也就是：《飞狐外传》《雪山飞狐》《连城诀》《天龙八部》《射雕英雄传》《白马啸西风》《鹿鼎记》《笑傲江湖》《书剑恩仇录》《神雕侠侣》《侠客行》《倚天屠龙剑》《碧血剑》《鸳鸯刀》《越女剑》。他用通俗小说的形式，凭借自己深厚的学识和通达古今的视野，加上对人生的深刻思索、对人性的透彻分析，超越雅俗，突破了传统武侠小说的格局，创造了文学史上的一个神话。他的这些小说多被拍成影视剧，翻译成各种语言，在世界范围内广泛传播，以至"凡是有华人的地方，就一定有金庸小说"！

金庸先后在杭州《东南日报》、上海《大公报》做记者、翻译、编辑。战后《大公报》香港版复刊，金庸被派到香港，做记者、编辑，并开始创作武侠小说。他曾在电影公司做过编剧。后来自办《明报》，相继推出《明报晚报》《明报月刊》《明报周刊》《新明日报》，建立了明报出版社、明窗出版社，成立了明报集团并担任董事局主席，是著名的报人、企业家。金庸在《明报》上的社评，对时局分析鞭辟入里、褒善贬恶观点鲜明，使《明报》成为香港最有影响力的报纸之一。

20世纪70年代至80年代，金庸担任香港廉政公署市民咨询委员会召集人、法律改革委员会委员。改革开放后，金庸到内地访问，先后受到邓小平和胡耀邦的接见。1985年香港特别行政区基本法起草委员会宣布成立，金庸成为委员之一，担任基本法政治体制起草小组的港方负责人，与同为海宁袁花查氏的香港著名爱国实业家查济民共同提出了著名的"双查方案"。他先后担任香港基本法咨询委员会执行委员会委员、香港特别行政区筹委会委员等职务，成为著名的社会活动家。

金庸以他渊博的学识、出色的社会活动能力，获得过很多博士头衔，其中有剑桥大学、香港大学、台湾清华大学；被很多大学聘请为荣誉教授，其中有北京大学、南开大学、中山大学；成为很多大学的荣誉院士，如英国牛津大学、剑桥大学、澳大利亚墨尔本大学。他在1999年受聘出任浙江大学人文学院院长、教授、博士生导师。2010年通过博士论文《唐代盛世继承皇位制度》的答辩，获得英国剑桥大学的博士学位。

从以上列举的部分海宁查氏后人的事迹中，可以看到查氏家训中，坚持读书为本、德教为先，注重家族成员的伦理行为规范对子孙成长的影响：出仕，为官清正，造福一方；居乡，热衷公益，乐善好施；居家，诗文传家，崇文厚德。

清代康熙亲笔写下的"唐宋以来旧族，东南有数人家"的对联和"澹远堂"的匾额，是对过往海宁查氏的肯定和表扬；而查氏后人既是家训精神的遵守和传承者，更是"谨守良规，从之者昌"的代表。

（应忠良）

《放翁家训》：出则为仕，退而为农

草绳作腰带，吃笼饼

耕读传家，勿坠家风

恪守气节，文臣殉国

南宋末年，面对蒙古铁骑，陆秀夫及陆家有名有姓者共十六口人，与其他十万军民一起，在福建与广东交界的崖山，蹈海殉国。

文臣殉国，如陆秀夫般壮烈的，委实不多。

据传，陆秀夫的曾祖乃是伟大的爱国诗人陆游。陆游在弥留之际仍念念不忘驱逐金人，收复中原，以一首"王师北定中原日，家祭无忘告乃翁"的《示儿》诗，留给后人无尽的悲怆和激愤。三代之后，陆秀夫以家殉国。

除了《示儿》诗，陆游还给后代留下了长篇家训。从此文献观其家族脉络，可清晰看到文化传承的筋骨。家训辑录自四库本明叶盛《水东日记》卷一五。

家训节选

昔唐之亡也，天下分裂，钱氏[1]崛起吴越之间，徒隶乘时，冠履易位。吾家在唐为辅相者六人，廉直忠孝，世载令闻。念后世不可事伪国，苟富贵，以辱先人，始弃官不仕，东徙渡江，夷于编氓[2]。孝悌行于家，忠信著于乡，家法凛然，久而弗改。

【注释】

[1] 钱氏：吴王钱氏。

[2] 编氓：编入户籍的平民，指芸芸众生。

宋兴，海内一统，祥符中，天子东封泰山，于是陆氏乃与时俱兴。百余年间，文儒继出，有公有卿，子孙宦学相承，复为宋世家，亦可谓盛矣！然游于此切有惧焉，天下之事，常成于困约而败于奢靡。游童子时，先君谆谆为言，太傅出入朝廷四十余年，终身未尝为越产，家人有少变其旧者，辄不怿。其夫人棺才漆，四会婚姻，不求大家显人，晚归鲁墟，旧庐一椽不可加也。楚公[1]少时尤苦贫，革带敝，以绳续绝处[2]。秦国夫人尝作新襦，积钱累月乃能就，一日覆羹污之，至泣涕不食。太尉与边夫人方寓宦舟，见妇至喜甚，辄置酒，银器色黑如铁，果醢数种，酒三行以已。姑嫁石氏，归宁，食有笼饼，亟起辞谢曰："昏耄[3]，不省是谁生日也。"左右或匿笑，楚公叹曰："吾家故时数日乃啜羹，岁时或生日乃食笼饼，若曹岂知耶？"是时，楚公见贵显，顾以啜羹食饼为泰，怃然叹息如此。

【注释】

[1] 楚公：陆游祖父陆佃。

[2] 以绳续绝处：用绳子续在皮带断处，指异常节俭。

[3] 昏耄：（我）老得昏头了。

游生晚，所闻已略，然少于游者又将不闻，而旧俗方以大坏，厌藜藿，慕膏粱，往往更以上世之事为讳。使不闻，此风放而不还，且有陷于危辱之地、沦于市井、降于皂隶[1]者矣。复思如往时，父子兄弟相从，居于鲁墟，葬于九里，安乐耕桑之业，终身无愧悔，

◎ 山阴梅湖陆氏宗谱

可得耶？

　　呜呼！仕而至公卿命也，退而为农亦命也。若夫挠节以求贵，市道以营利[2]，吾家之所深耻。子孙戒之，尚无坠厥初[3]。

【注释】

[1] 皂隶：旧时衙门里的差役。此指奴仆。

[2] 挠节以求贵，市道以营利：为求贵而失节，为求富而从商。

[3] 厥初：初心。

　　吾见平时丧家百费方兴，而愚俗又侈于道场斋施之事，彼初不知佛为何人，佛法为何事，但欲夸邻里为美观尔。以佛经考之，一四句偈[1]功德不可称量，若必以侈为贵，乃是不以佛言为信。吾死之后，汝等必不能都不从俗。遇当斋日，但一二有行业僧诵《金刚》《法华》数卷或《华严》一卷，不啻足矣。如此为事，非独称家之力，乃是深信佛言，利益岂不多乎！又悲哀哭踊，是为居丧之制；清净严一，方尽奉佛之礼。每见丧家张设器具，吹击螺鼓，家人往往设灵位辍哭泣而观之，僧徒炫技，几类俳优，吾常深疾其非礼，汝辈方哀慕中，必不忍行吾所疾也。且侈费得福，则贪吏富商兼并之家死皆生天，清节贤士无所得财，悉当沦坠[2]，佛法天理，岂容如是！此是吾告汝等第一事也，此而不听，他可知矣。

【注释】

[1] 四句偈：指由四句组成的偈颂。字数多少不拘。

[2] 沦坠：沦落坠入地狱。

　　墓有铭，非古也。吾已自记平生大略以授汝等，慰子孙之心，如是足矣！溢美以诬后世，岂吾志哉！

　　吾平生未尝害人，人之害吾者，或出忌嫉，或偶不相知，或以为利，其情多可谅，不必以为怨，谨避之可也，若中吾过者[1]，尤当置之。汝辈但能寡过，勿露所长，勿与贵达亲厚，则人之害己者自少[2]。吾虽悔，已不可追，以吾为戒可也。

【注释】

[1] 中吾过者：讲对了我的过错。

[2] 害己者自少：来害自己的人就会少。

祸有不可避者，避之得祸弥甚。既不能隐而仕，小则谴斥[1]，大则死，自是其分。若苟[2]逃谴斥，而奉承上官，则奉承之祸不止失官，苟逃死而丧失臣节，则失节之祸不止丧身。人自有懦而不能蹈[3]祸难者，固不可强，惟当躬耕绝仕进[4]，则去祸自远。

【注释】

[1] 谴斥：责难。

[2] 苟：姑且，暂且。

[3] 蹈：面对，经受。

[4] 躬耕绝仕进：亲自下田，绝了做官的念头。

风俗方日坏，可忧者非一事。吾幸老且死矣，若使未遽死，亦决不复出仕，惟顾念子孙，不能无老妪态。吾家本农也，复能为农，策之上也。杜门穷经[1]，不应举，不求仕，策之中也。安于小官，不慕荣达，策之下也。舍此三者，则无策矣。汝辈今日闻吾此言，心当不以为是，他日乃思之耳，暇日时与兄弟一观以自警，不必为他人言也。

【注释】

[1] 杜门穷经：谢绝外界应酬，一门心思精研经典。

诉讼一事，最当谨始，使官司公明可恃[1]，尚不当为，况官司关节[2]，吏取货贿，或官司虽无心，而其人天资暗弱[3]，为吏所使，亦何所不至[4]？有是而后悔之，固无及矣[5]。况邻里间所讼，

◎ 沈园中的陆游纪念馆——务观堂

不过侵占地界，逋欠钱物，及凶悖陵犯耳，姑徐徐谕之[6]，勿遽兴讼也，若能置而不较[7]，尤善。李参政汉老[8]作其叔父成季墓志，云"居乡，则以困畏不若人为哲[9]"，真达识也。

【注释】

[1] 公明可恃：官司清白，有理有据。

[2] 官司关节：暗中说人情、行贿勾结官吏的事。

[3] 暗弱：懦弱而不明事理。

[4] 何所不至：没有什么办不到的，意即制造冤案。

[5] 有是而后悔之，固无及矣：已然碰到这种事而后悔，愚不可及。

[6] 徐徐谕之：慢慢教化，沟通。

[7] 置而不较：放下不去计较。

[8] 李参政汉老：当朝参政李汉老。

[9] 以困畏不若人为哲：既知困知畏，亦知不若人，便不与人争讼，这是真的有大智慧。

子孙才分有限，无如之何，然不可不使读书。贫则教训童稚以给衣食，但书种不绝足矣。若能布衣草履，从事农圃，足迹不至城市，弥是佳事。关中村落有魏郑公[1]庄，诸孙皆为农，张浮休[2]过之，留诗云："儿童不识字，耕稼郑公庄。"仕宦不可常，不仕则农，无可憾也。但切不可迫于衣食，为市井小人事耳，戒之戒之。

【注释】

[1] 魏郑公：唐代著名宰相魏徵。

[2] 张浮休：北宋文学家、画家张舜民，号"浮休居士"，取庄子生死浮休之义。

后生才锐[1]者最易坏，若有之，父兄当以为忧，不可以为喜也。

切须常加简束^[2]，令熟读经子，训以宽厚恭谨^[3]，勿令与浮薄^[4]者游处^[5]，如此十许年，志趣自成，不然，其可虑之事盖非一端^[6]。吾此言，后人之药石^[7]也，各须谨之，毋贻^[8]后悔。

【注释】

[1] 才锐：才思敏捷、聪明睿智的人。

[2] 简束："简"通"检"，管教，检点约束。

[3] 宽厚恭谨：谦虚、谨慎、恭敬。

[4] 浮薄：浮躁、轻薄。

[5] 游处：来往、共处。

[6] 一端：一个方面。

[7] 药石：泛指药物，这里指良药。

[8] 贻：留下。

家训创建者：陆游及其父亲、祖父

陆游（1125.11.13——1210.1.26）字务观，号放翁，越州山阴（今浙江绍兴）人。南宋爱国诗人，著有《剑南诗稿》、《渭南文集》等数十个文集存世，自言"六十年间万首诗"，今尚存九千三百余首，是我国现有存诗最多的诗人。

正如陆游在家训中所说，陆家的门风，是一路传下来的。陆游对此有继承，也有总结和发挥，终成泱泱3800余字。

陆游的祖父陆佃，官至尚书左丞，晚年告老还乡。1042年去世前，将陆游的父亲陆宰叫到床前交代一个有关"笼饼"的家训。

陆宰的姑妈嫁到新昌，立夏这天回娘家省亲，发现桌上堆了不少笼饼。她感到很奇怪：陆家只有家人生日这天，才会郑重其事地吃个笼饼，她怎么也想不起来家人谁是立夏这天生日。陆宰的祖母笑着说："听隔壁阿婶说，你今天要回家，我就不能做一次笼饼？"

从这个代代相传的故事中，一方面可见陆家简朴持家的家风，另一方面也体现了陆家信守"出仕为官，退守为农"的治家理念，认为农是根本，任何时候都不应忘记。

另一个"草绳作腰带"的故事同样事关陆佃，是官至吏部尚书的父亲陆宰讲给陆游听的。

陆佃考中进士前，非常贫困，常常腰带断了，就用草绳接上去。有时干脆直接用草绳作裤带，也不怕旁人笑话。

如果说上面两则故事有关经济问题，下面这个故事则有关政治和道德问题。

陆佃特别崇拜王安石，曾穿着草鞋从绍兴赶到南京去拜见他。后来王安石做了宰相，问他改革事宜，陆佃不但没有丝毫阿谀奉承，反而坦承王安石变法措施之一的"青苗法"有损农民。王安石颇感不快，遂认为他不是从政的料，让他去研究经书；陆佃不以为意。后来王安石倒台，很多人避之唯恐不及，陆佃却在王安石去世后前去哭灵，并写下《丞相荆公挽歌词》《祭丞相荆公文》《江宁府到任祭丞相墓文》等。陆氏一脉坦荡做人的风骨由此可见一斑。

家族史话：绵延千年铸家训

据会稽世德堂陆氏传人陆纪生提供的资料，绍兴陆氏自唐而显，历经宋代的辉煌，谨守祖宗家训，代有才人。

据史料记载，公元前327年，齐显王封元侯公田通于平原陆乡，因而得姓陆，为陆氏始祖。

到43世孙陆谊（陆游九世祖），因不肯苟富贵以辱先人而东渡钱塘，避地山阴，是为绍兴陆氏始祖。

到陆游高祖陆轸进士及第并出仕以后，陆家代有显贵达官，到陆游谢世时，"竟无一人归故业"。陆游高祖陆轸于1026年在会稽吼山魏家山（今坝头山）建宅，名前宅。1042年，陆游曾祖陆珪举家从山阴鲁墟迁居会稽吼山。如今，这里还有一百多户陆姓人家。吼山势如龙腾凤翔，亦有狮状之威。后山有一池谓龙池，大旱不涸。1967年曾遇百年不遇大旱，亦未干涸。

1123年，陆游叔祖父陆傅在吼山北麓大湖岙东山坡上建了一座家庙（即陆家祠堂），后由徽宗皇帝赐名并亲笔御书"东山寿宁院"匾额。祠堂内供奉自唐朝宰相陆贽、简礼、宗衍、章、谊、衍、忻、郁、仁昭、轸、珪，共十一代列祖列宗。

20世纪50年代祠堂被毁，曾作畜牧场之用，后夷为平地。周边紧邻的山前徐和黄泾两个村，陆姓人家现有近百户，有《会稽世德堂陆氏家谱》存世。

这两个村与坝头山村南北相连，相距不出一公里，在同一辖区内。

坝头山村陆姓年长者多为陆游第二十四世孙。村所在地多已辟为市高新技术开发区，目前尚存山林163亩、河塘32亩。原有的农民主要经商或开办小作坊、小企业或外出打工。

在《陆氏家训》中，大量篇幅讲到官风和宗教。陆游上任严州府后，看到百年前当地民众为在此为官的曾祖陆轸建的祠堂颇为震撼。这对陆氏从政准则的建立，起到了非常重要的作用。

陆游其实是《陆氏家训》的成文者，但很多思想和做法，是陆氏几代人不断完善得出的经验。

据会稽世德堂陆氏传人陆纪生先生介绍，晚年陆游主要居住在山阴三山（即镜湖边上的行宫山、韩家山、石堰山）。从能够归宗的陆氏后人看，陆氏自宋朝灭亡后严格地遵循了家训，拒绝出仕，以农耕为业者最多，其余一部分从事建筑及小手工制造业，少数投向科教文

◎ 陆游画像

卫事业，还有一些在商圈打拼。

日本有专门的"读游会"，会员前些年到浙江绍兴、陕西汉中等地参加过活动，并开展学术交流。可见，陆氏精神已经成为全人类的共同遗产。位于绍兴沈园中的陆游纪念馆，虽然偏居一隅，仍有无限光辉。

杰出人物：陆秀夫宁死不降

陆秀夫为陆游曾孙，生于南宋嘉熙二年（1238），与文天祥为同榜进士，属于能成就皇帝仁慈之德而非为自己争忠孝之名的臣子。

据陆游研究会创始人邹志方教授的研究，以及相关宗谱记载，陆秀夫祖父陆子布曾任淮安东路提点刑狱，其子陆元楚以"祖恩补郎"任举盐城令，元楚子陆秀夫即出生在盐城。

后人曾对陆游与陆秀夫的关系有所疑虑，但据《会稽陆氏族谱》所收马廷鸾《宋陆氏宗谱序》，结尾有"学士讳秀夫，今为资政殿学士"语，可见陆秀夫对自己与陆游的关系是确认的。此时陆秀夫尚未位及人臣，而马廷鸾正是当朝丞相。

陆秀夫最大放异彩的时代，是南宋已近灭亡的最后关头。据蒙古人脱脱、阿鲁图领衔编写的《宋史》记载，"边事急，诸僚属多亡（逃亡之意）者"的情况下，"惟秀夫数人不去"，并出任左丞相，与元帅张世杰文武合璧，共赴国难。

1279年，43岁的陆秀夫，在崖山海战失利后，先仗剑驱妻子入海，然后背着小皇帝赵昺跳海自杀。许多忠臣追随其后跳海，殉国军民达十万人，其中，据清光绪十四年编撰的《会稽世德堂陆氏家谱》记载，仅有名有姓的陆氏三代族人就有16人。

家训精神：爱国 宽容 廉洁 勤学

陆家藏书之风自高祖陆轸始。陆游自蜀地归，舟载皆所购书，无其他贵重名产宝物。陆游晚年筑书室，名为"书巢"。据吴晗《两浙藏书家史略》，高宗绍兴五年（1135），游父陆宰奉召进所藏书13000余卷，不难看出陆家藏书之多。陆游在《放翁家训》中首先强调的是读书，"子孙才分有限，无如之何，然不可不使读书"，即子孙不管才智如何必须读书，无论如何也不能使"书种"断绝。他曾在《五更读书示子》中现身说法，以自己鸡鸣苦读、勤勉学习的例子教导儿子，虽然家无素业，但还能以菜根度日，"万钟一品不足论"，高官厚禄何足挂齿。

从藏书到读书，可见陆家家族文脉的传承，对读书的重视世代如此。

在古代，读书几乎是唯一的取仕途经，"学而优则仕"是主流思想。但在陆游看来，读书之重要不在于升官发财，也不是为了展示过人的才华。才气过盛不加管束，反是另一种危害，正如陆游在家训中所讲："后生才锐者最易坏，若有之，父兄当以为忧，不可以为喜也。""伤仲永"的故事，是王安石传世的文章之一。陆游将之引用在自家家训的最后一段，自有深意。

陆游重视读书本身的教育作用，提倡后代多读经史、宽厚待人、谦恭有礼，养成温柔敦厚的品行。他有一颗忧才之心，在《放翁家训》中拳拳劝诫，"切须常加简束，令熟读经子，训以宽厚恭谨，勿令与浮薄者游处"。当然，读书也不是一味的苦行，也可寓教于乐。在陆游笔下，孩童读书相映成趣，"阿纲学书蚓满幅，阿绘学语莺啭木"。

读书乃陆游所欲也，躬耕亦陆游所不斥也，"若能布衣草履，从事农圃，足迹不至城市，弥是佳事"。家贫不能读书，则退守田庐，古已有之。陆氏家训中引用了北宋文学家张舜民的《过魏文贞公旧庄》诗句"儿童不识字，耕稼郑公庄"。"魏文贞"乃唐朝大名鼎鼎的丞相魏徵，郑国公是其封号，"耕稼郑公庄"中的"郑公庄"是魏徵家族繁衍生息之地。魏徵虽位高权重，却一生简朴。魏徵下葬时，太宗"命百官九品以上者皆赴丧，给羽葆鼓吹，陪葬昭陵"。其妻裴氏曰："征平生俭素，今葬以一品羽仪，非亡者之志。"悉辞不受，以布车载枢而葬。由此可见魏徵及其家人的淡泊名利。沿袭到后代，魏徵的家族因不求权贵而"没落"，子孙种地为生，甚至家贫至要把祖宅抵押出去才能过活。但在当时，这代表的是一种宁可贫贱也不可摧眉折腰事权贵的操守，值得敬佩。故陆游对其家族遗风深以为然，教育子孙"不仕为农，无可憾也"。

一方面是因为陆游深感"仕宦不可常"，即仕途之路跌宕无常。另一方面则是因为事农的纯粹、质朴、自然，乃陆游所推崇之家风。在陆游所作《予读元次山与瀼溪邻里诗意甚爱之取其间四句》一诗中，他同样提到"儿童不识字，未必非汝福"，歌颂了邻里和谐的田园生活，表达了对山林园圃中生活的孩子们未必识字，但也未必不是一种福分的想法。戒俗世利欲，远离纷扰，亦是陆游对家族的希冀所在。

与读书、躬耕相对立的是"迫于衣食，为市井小人事"。陆游的想法是儒家正统的富贵观，"不义而富且贵，于我如浮云"，绝不能求不义的富与贵。在诗作中，陆游多处感叹"道术已为天下裂"，"儒术今方裂，吾家学本孤"，告诫子孙"世衰道术裂"，"孤学当世传"。既有对自家家学的坚守，也警告子孙不要盲从世风，孤陋肤浅。正是受这些深入骨髓的陆氏家训的影响，宋代陆氏一门无奸贼，家家清白，更有陆秀夫的以身殉国。

《陆氏家训》还教育后人在为人处世上，要有淡泊的宽容平和之心："吾平生未尝害人，人之害吾者，或出忌嫉，或偶不相知，或以为利，其情多可谅，不必以为怨。"不要与人计较，注重邻里关系，发现有人吵架，要力劝双方各自忍让、互相宽容、不要结怨。

在操守上，《陆氏家训》劝导后人要俭朴、廉洁。从祖上草绳作腰带、吃笼饼的故事，到对子孙出仕为官者的谆谆告诫："莫恋污渠与臭帑"（《晨坐道室有感》），"吾家世守农桑业，一挂朝衣即力耕"（《示子孙》），又在《送子龙赴吉州掾》"汝为吉州吏，但饮吉州水。一钱亦分明，谁能肆谗毁？"从中可见他为官从政清廉至极，堪称后世楷模。

概括而言，陆游在家训中体现的是重节崇德的原则与耕读传家的理想，是对中国传统儒家思想的延续。耕读传家，勿坠家风，要求严苛。陆游虽对晚辈慈爱，但家教很严，他在题跋家训的文字中写道，"人莫不爱其子孙，爱而不知教之，犹弗爱也"。《示子孙》诗中也有"富贵苟求终近祸，汝曹切勿坠家风"的严厉告诫。家训里对子孙的严苛教育，不仅为了延续文脉，亦可说是出于对后代的一种深沉的大爱。

（朱永红）

《诫子书》：淡泊明志，宁静致远

86字《诫子书》，宁静的力量

不为良相，便为良医

士农工商各专一业，便是孝子贤孙

诸葛家训《诫[1]子书》，是诸葛亮晚年时写给他8岁儿子诸葛瞻的一封家书。这份家书是诸葛亮一生经验的总结，成为培养孩子的指南，成为诸葛子孙的家训。诸葛子孙从小背诵学习此家训，家训精神深入诸葛家族的血液中，成为他们共同的精神支柱、为人处世的法宝。《诫子书》在诸葛子孙中历代相传，至今影响极为深远。尤其是"静以修身，俭以养德"和"淡泊明志，宁静致远"两句，更是成为历代许多世人的座右铭。

家训全文

夫君子之行[2]，静以修身，俭以养德。非淡泊无以明志[3]，非宁静无以致远[4]。

夫学须静也，才须学也，非学无以广才，非志无以成学。淫慢[5]则不能励精[6]，险躁[7]则不能冶性。

年与时驰[8]，意与日去，遂成枯落[9]，多不接世[10]，悲守穷庐，将复何及！①

【注释】

[1] 诫：劝勉，规劝。

[2] 行：行为操守。

[3] 明志：表明自己的崇高志向。

[4] 致远：实现远大的目标。

[5] 淫慢：漫不经心。

[6] 励精：振奋精神，精益求精。

[7] 险躁：冒险急躁，不冷静。

[8] 驰：疾行，这里是增长的意思。

[9] 枯落：干枯衰落，这里指年老力衰，学无所成。

[10] 接世：接触社会，承担责任，对社会有用。

【翻译】

君子的行为操守，要用宁静来提高自身的修养，要用恭俭来涵养自己的品德。做不到内心清净、恬淡寡欲就不能树立远大志向，做不到平和宁静、安静祥和就不能实现远大理想。

学习需要心静，成材必须学习。不学习就无法增长才干，没有志向就不可能学有所成。放纵懒散就无法振奋精神，急躁冒险就不能陶冶性情。

年华随时光而飞驰，意志随岁月而消磨。最后精力衰竭而学无所成，大多是因为不接触世事，不为社会所用，到头来伤心痛楚地守着简陋的房屋，即使后悔又怎么来得及呢。

---

① 选自《金华宗谱文献集成》第 13 册 811 页，略有变动，上海古籍出版社，2013 年版。

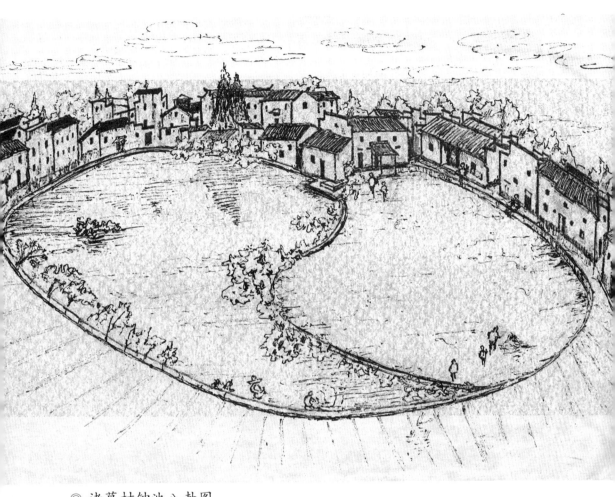

◎ 诸葛村钟池八卦图

兰溪诸葛氏源流

诸葛氏，源于嬴姓，出自黄帝后裔葛伯的封国，于是就以封地名"葛"作为姓氏。后来迁徙到琅琊郡诸县居住，改为复姓诸葛，人称琅琊诸葛氏。

三国时期，诸葛兄弟中，诸葛瑾为吴国大将军，诸葛亮为蜀国丞相，族弟诸葛诞为魏国大将军，"一门为三方冠盖，天下荣之"。

五代十国战乱时期，诸葛亮12世孙，唐朝河南节度使兼中书门下平章事诸葛爽的孙子诸葛利，与弟弟诸葛深携带家属渡江南下躲避战祸。诸葛深迁到福建，诸葛利迁到浙江。诸葛利后来担任寿昌县（今并入建德市）令，在此居留直至逝世，他就是浙江诸葛氏的始祖。

元末，诸葛亮27世孙诸葛大狮，迁居寿昌附近的兰溪诸葛村。他从王姓人家购得土地，营建诸葛八卦村，世代定居，子孙繁衍，延续至今。

兰溪诸葛村，位于浙江省兰溪市西部，是全国诸葛亮后裔的最大聚居地。村庄按九宫八卦设计布局，现有保存完好的明、清古建筑200多处，是中国古村落、古民居的典范，也是浙江古文化的三大标志之一，被费孝通先生誉为"八卦奇村，华夏一绝"。

诸葛村一带地形如饭锅，中间低平，四周渐高。四方来水，汇聚锅底，形成一口池塘，这就是钟池。钟池，一半为水塘，一半为陆地，两面各有一口水井，形成极具象征意义的鱼形太极图。钟池周围伸向村落的8条小巷，把整个村落的房屋分隔成8个部位，形成八卦图形，也就是俗称的内八卦。更为神奇的是村外的8座小山环抱诸葛村，构成天然的外八卦。这也就是诸葛八卦村的由来。

诸葛村景观多样而优美，鳞次栉比的古建筑群，环水塘而建的古商业中心，形成了一个变化丰富而统一的整体。"青砖灰瓦马头墙，肥梁胖柱小闺房"的独特建筑风格，使它成为目前全国保护得最好、群体最大、型制最齐的，文化内涵非常深厚的古村落之一。

村中现有人口5000余人，其中诸葛后裔有4000余人。诸葛子孙以诸葛亮为榜样，把《诫子书》当作家训经典，将村庄建设和保护成为中国十大古村落之一、国家级非物质文化遗产基地，承载各级非物质文化遗产8项，其中"诸葛古村落营造技艺""诸葛后裔祭祖"为国家级非物质文化遗产。今天的诸葛村，是全国重点文物保护单位、全国文明村、全国生态文化村、全国民主法治村、全国廉政教育基地和浙江省爱国主义教育基地，还是国家ＡＡＡＡ级旅游景区。这些成绩和荣誉的背后无不折射着诸葛家训的影子。

淡泊、守业、济世的家训精神

《诫子书》的主旨是诸葛亮劝勉儿子勤学立志、修身养性；要从淡泊宁静中下功夫，切忌懒惰懈怠、冒险急躁；要做一名有良好道德情操的君子。文章概括了做人治学的道理，着重围绕一个"静"字加以论述，同时把失败的原因归结为一个"躁"字，进而突出"静"的重要性。强调为学要"静"、"志、"时"，也就是要静心读书、志向高远、珍惜时光，学有所成，做一个对社会有用的人。

通篇家训体现了宁静的力量：静以修身、非宁静无以致远；节俭的力量：俭以养德；洒脱的力量：非淡泊无以明志；好学的力量：夫学须静也，才须学也；励志的力量：非学无以广才，非志无以成学；专心的力量：淫慢则不能励精；性格的力量：险躁则不能治性；惜时的力量：年与时驰，意与岁去；想象的力量：遂成枯落，多不接世，

諸葛村明、清二代進士、舉人、貢生一覧表

○ ○ ○ ○ ○ ○ ○ ○ ○ ○ ○ ○ ○

		進士	
諸葛霖	乾隆五十九年	諸葛峴	明嘉靖十七年
諸葛涵	嘉慶元年	諸葛璞	清康熙十五年
諸葛調	嘉慶六年	諸葛戚	清乾隆二年武科进士
諸葛級	道光元年	諸葛儀	清乾隆十六年
諸葛敔	道光四年	諸葛憻	清嘉慶二十四年
諸葛勳	道光六年	**舉人**	
諸葛昕	道光六年	諸葛繩武	清康熙五十九年
諸葛令	道光十九年	諸葛鍟	清乾隆五十三年
諸葛杞	咸豐元年	諸葛蓍	清乾隆五十三年
諸葛英	咸豐二年	諸葛諟	清乾隆五十三年
諸葛馭	咸豐三年	諸葛皰	清道光二十六年
拔貢		諸葛鈞	清光緒十五年
諸葛禹	順治元年	**歲貢**	
諸葛儀	雍正十三年	諸葛淵	明嘉靖二年
諸葛諧	乾隆三十年	諸葛鯨	明嘉靖二年
諸葛槐	道光五年	諸葛可大	明萬曆三十三年
諸葛璋	道光十七年	諸葛卿	崇禎十六年
諸葛枚	咸豐十一年	諸葛璋	崇禎十六年
恩貢		諸葛伯尹	順治三年
諸葛湘	乾隆二十六年	諸葛麟	順治十二年
諸葛卯	咸豐元年	諸葛度	康熙三十年
諸葛冀	咸豐二年	諸葛琛	康熙五十四年
諸葛楨	咸豐九年	諸葛怕	雍正九年
優貢		諸葛璺	乾隆十九年
諸葛壽懿	道光三年	諸葛雲	乾隆五十七年

◎ 诸葛村明、清两朝进士、举人、贡生名录表

悲守穷庐，将复何及。

文章短小精悍，言简意赅，文字清新雅致，不事雕琢，说理平易近人，是永不过时的家训，更是天下家书家训中的经典。

古代，讲求"立德、立功、立言"三不朽。对有德望、有功劳、有善言，堪当后代百世榜样的人物，朝廷均规定祭祀方法，一般一年举行一次祭祀。极少数特别杰出的人物，如诸葛亮，一年举行春、秋两次祭祀。在这个古老而又年轻的诸葛村落里，现代的诸葛子孙在诸葛亮的诞辰农历四月十四日和忌日八月二十八日，用古老的仪式，每年举行春、秋两次祭祀祖先诸葛亮的活动，追怀诸葛亮的丰功伟绩，以此为榜样，激励子孙；传诵诸葛亮的《诫子书》，重温家训精神，传承优良家风。

诸葛村落的宁静

诸葛村的地形为一个小盆地，以钟池为中心，三面渐高，一面出口，周围环绕8座小山，这使这个村落仿佛隐入山水丛林的环境中，与周围的自然环境融为一体，有若世外桃源，营造出一种"宁静"的氛围。

北伐战争期间，国民革命军肖劲光的部队与军阀孙传芳的部队在距离诸葛村2公里左右的寿昌县（今属建德）童山岗激战了3天3夜，竟然没有一颗子弹、一发炮弹落入村子，整个村庄完好无损。抗日战争时期，日军在占领兰溪前，先派飞机对县城及周边区域进行狂轰滥炸，诸葛村偶尔有炮弹落下，往往落入水塘之中，大的建筑基本没有损坏。更为神奇的是，大队日本步兵从村外高隆岗的大道经过，由于小山和树木的遮掩，竟然没有发现这个村庄。

这两个流传很广的小故事，说明了诸葛村环境的幽静和位置的隐蔽。而村内，小巷幽幽，水塘清清，白云飘飘，则更加彰显了整个村庄的宁静。

诸葛子孙把"宁静致远"的家训精神，充分地体现在诸葛村的建造和保护上，通过营造这种"宁静"的生活环境，来陶冶性情，培养出一代代"淡泊明志"和"宁静致远"的诸葛子孙。他们用自己的方式演绎出了诸葛家训的精神。

诸葛子孙的淡泊清廉

在诸葛村，诸葛子孙始终以有诸葛亮这样的祖先为荣，以他为榜样，勤奋好学，潜心修行，人才辈出。这是因为，诸葛亮有着忠贞不二的情操、宁静淡泊的气质、廉洁务实的作风和鞠躬尽瘁的精神，为诸葛子孙树立了一个良好的标杆。

明代嘉靖年间，诸葛岘进士及第。他在任凤阳府推官时，严于执法，整顿法纪，对违法者秉公审理、判罪，办案如神。当时吏部主持铨选人才，上奏天下推官、县令等特异人才42人，他名列第一。不久升任刑科给事中，立朝端正，忠直敢言，不图名利。他留心边务，荐贤举能，弹劾奸佞，正气浩然，受到皇帝的表扬。不幸过早病死任上，家里没有一点积蓄，靠僚友帮忙，才将他的遗体运回家乡安葬。由此可见诸葛岘为官为民不为财、清正廉洁、刚正不阿、淡泊名利、宁静处世的风骨。

清代乾隆年间，诸葛諟考中举人，担任山西大同府怀仁县知县。他在任十余年，清廉自律，严饬胥吏，整顿风俗。审理官司，准情酌理，是非曲直，判得一清二楚。怀仁百姓喜好学武，不喜学文，他上任后，设立书院，奖励后学，文化风教蒸蒸日上。任内百姓安居乐业，社会稳定和谐，被称为是"清、慎、勤"的好官。因政绩突出，曾三次晋升官职，都被百姓挽留，而留任怀仁。58岁在任上逝世，百姓为他哭泣送葬，如丧父母，还为他建造祠堂，纪念他的功德，表达对他的怀念。他可算是诸葛子孙为官一方、造福百姓、"鞠躬尽瘁、死而后已"的典范。

清代道光年间，诸葛槐考上国子监贡生，先后任江西长宁、永新、武宁、新城县知县和饶州（今上饶）分防府等职。他生性淳谨，孝敬父母，外出为官，不带家属，只带侄儿一人。有人问他缘故，他回答：这样才不会牵累我做事。人多了，开支大，而且转移困难。费用大了，做官怎么能清廉？转移困难，则不得不对做不做这个官作慎重考虑。如果我一人，官做亦可，不做亦可。不做就回家务农，无所不可。这样才能立于不败之地。因此，他所到之地，都能做出政绩，留下美名。在饶州任职期间，府署设在景德镇。景德镇窑瓷业兴旺，商贾云集。官吏索要成风，商人百姓每日供给细瓷一席，成为惯例。他一到任，就革除这种弊政，获得百姓的赞扬。在武宁县任知县时，因当地民风强悍，小争执往往酿成聚众斗殴，造成伤亡。他采取了"重劝轻惩"的政策，斗殴风气逐渐改变。咸丰五年（1855）夏，他即将卸任去述职，遇到太平军石达开部攻到江西，上级派他督防。9月，调任建昌府新城县。次年太平军攻打县城。7月，因寡不敌众，县城被攻破，他拒降投井自尽。灵柩运回诸葛村，村中父老乡亲破例打开祠堂门，在丞相祠堂为其停灵，举村悼念。诸葛村用这样一种方式，传承先祖忠武精神，教育子孙后代。

一代代的诸葛后人用他们的操行，印证了家训精神和淡泊文化的力量。根据《诸葛氏宗谱》记载及最新的调查资料显示，全村诸葛后人中，如今具有副高及以上技术职称或担任副处及以上职务的人员有100多名，没有出现一例职务犯罪的。几十年来村中也没有发生过一起刑事案件。

诸葛后人中医药传家

兰溪有句民谚："徽州人识宝，诸葛人识草。"诸葛后人本着治国救民的理念，遵循着祖辈提出的"不为良相，便为良医"和"良相治国，良医治病"的祖训，以救世济民为己任，将中医药世代相传。他们走向大江南北，开药店、治病人，既救死扶伤，也传播了中医药文化，还把家训精神发扬光大。

诸葛村地处浙江中南部，古衢州、徽州、严州、婺州之间，盛产药材，交通便利，药业经营历史悠久，发展药业条件十分优越。诸葛子孙自元代迁居诸葛村开始，大部分人都经营中药业。中医药业是一门专业性很强的行业，从采集药材到制作各种丸、膏、丹、散，不仅要有很熟练的技术，而且要研读精通药书。诸葛后人以父传子、以亲带邻、世代相传，形成独特的诸葛药业文化。明清时期达到鼎盛，在全国各地和东南亚地区开设药店不下500家，从业人数多达5000人，形成了文成、实裕、集丰、天一、恒山、祥源、祥泰等一批有影响的大药号。清朝康熙年间，兰溪药材更被列为贡品，名声在外，得到官府、名人和百姓题赠的匾额如"积善良医""橘杏流芳""诚心济世"等，全国各地比比皆是。

诸葛中药业的发展过程中，涌现出很多杰出的中医，他们的医术高明、医德高尚，事迹广为流传。

诸葛泰（1871—1942），天资聪颖，器宇不凡，读书应试，工于文章。22岁中秀才，27岁去日本留学深造，学有所成并回国。他父亲在广东、上海、天津等地经营药业，生意很好，可是不久逝世。诸葛泰不忍心父亲的事业就此中断，于是弃儒从商，继承父业，以开拓的精神进一步发展中药业。在兰溪天一堂药店的基础上扩设天一药行，新设同庆药行。接着在上海金陵东路创设祥泰参药店，在杭州创设同丰泰运输行。他还出资创办了兰溪中医专门学校，出任首任校

◎ 诸葛村祠堂——忠武祠

长，致力于弘扬中医药文化，培养了一批中医药人才。民国时期，曾任香港浙江商会会长。

诸葛梁（1881—1953），字禹奠，著名中医。他素有济人之怀，不仅会免费给人看病，还赠送病人路费。他医德高尚，有一次花十几块大洋购得羚羊角，买后觉得可疑，就到上海请有名的药师鉴定，确定为假货后，他就当即焚毁。家人觉得可惜，他说："若以此药治病，必误病家，于心何忍。"1928年2月，当局中央卫生委员会忽然决议废除中医，他得知后和中医界同仁奔走呼号，向当局请愿，后废止之声渐息。事后，他认识到中医也需要不断加强研究，使之发扬光大，就专心研究，以其外科临床经验及各家良方编成《外科效方集》。

诸葛子孙不仅重视耕读传家，也重视手工业制作和商业经营，突破古代重农轻商、商为末业、耻为商人的落后观念，强调"士农工商各专一业，便是孝子贤孙"的思想。在药业经营上走出一条有自己家族特色的发家、致富、荣族的路子。再用自己赚回来的钱，营造了留存至今的村落、祠堂、屋舍。诸葛家族出色且卓有成就的药业经营，使兰溪得以雄踞江南中医药行业七百多年，与安徽绩溪、浙江慈溪合称"三溪"。

诸葛慈善育人

"夫学须静也，才须学也。非学无以广才，非志无以成学"，"年与时驰，意与日去，遂成枯落，多不接世"，诸葛家训中，提出了"静""志""时"的要求，也就是告诫子孙要静心读书、志向高远、珍惜时光。在家训精神的指引下，诸葛子孙重视教育，耕读传家，奋发有为，努力实现抱负和理想。

早在明代正德年间，诸葛子孙就创建了南阳书院。书院环境优雅，"春深花作锦，秋好桂正香"，"花竹绕庭除，图书万卷余"，藏书丰富，正是读书的好地方。至清代，又营造了"笔耕轩"学馆，并在周围开辟出菜地，诸葛子孙学习之余，从事农业劳动，锻炼身体，磨砺意志，以示继承先祖诸葛亮在南阳躬耕陇亩的传统——通过这种重温先祖心境的方式，来教育子孙后代。

为了联络文友，鼓励本族学子，清代乾隆年间，诸葛子孙还设立了民间团体"登瀛会"，设立基金用以奖励优秀的学子，资助困难的族裔。家谱中曾有这样的记载：诸葛拙俺的继妻姜氏，结婚未及半年，27岁的丈夫离世，没有留下子女。姜氏孝敬公婆，勤劳能干，积累了不少家产；年过五十岁，痛感丈夫早世，没有留下子女，为了纪念丈夫，捐出田地百亩，作为"登瀛会"的基金。1948年重新修订奖励规定，将奖励学子的条件、金额、程序等规定得十分具体，做到有章可循，这使"登瀛会"历数代而不衰。现在的诸葛村继承了祖先的奖学、助学传统，对村民子女在各级各类学校中就读的，均给以不同数额的奖学金、助学金。随着诸葛村集体经济的发展壮大，奖、助学金金额也逐年提高。因为有这样的倡导和传统，诸葛子孙读书的风气盛行。学子不用为贫穷上不起学担心，更纷纷立下远大的目标，珍惜光阴，静心求学成才，一步步朝着修身济世报国的目标前行。千百年来，诸葛后人中涌现出一大批杰出人才，在社会各行各业都做出了杰出的贡献。自明清以来，诸葛村有进士7人、举人12人、各类正途贡生43人。在《光绪兰溪县志》上列传的诸葛氏有39人，受到各种嘉奖的有200多人。

《诫子书》不仅是永远不过时的家训经典，更是中华儿女共同的文化瑰宝。

（应忠良）

《应氏家规》：良田之外，手艺盘身

20 条家规

以儒为宗，守孔孟之道

规远则家由以远

芝英应氏家规20条由明代芝英的应氏裔孙孝友公所倡设。孝友公名杰，字尚道。"公敦伦睦姻，抱有隐德，人以孝友名其堂，因号孝友"。他注重修为，教育子女，率以身先，并将自己所奉行的准则梳理成条目，著之于书，以诏后人并守而行之。家规"根于理，载于法"，条条皆以儒家之道"正人心而培风俗"。

家训节选

建祠宇

立祠堂于正寝[1]之东，所以栖先世神主也。子孙岁时[2]修葺，毋致倾圮[3]。有水火患难救护先之，势不获已，则保存神主。其祠库所贮祭器什物，不许私假[4]及它用，乃命一人处守之，兼责以司香烛、事洒扫，供祀时役使[5]焉。岁给食谷百斤劳[6]之。世以为常。

◎《芝英应氏家谱》

【注释】

[1] 正寝：泛指房屋的正厅或正屋，位于正中的主体部分的房屋，与厢房相对。

[2] 岁时：每年一定的季节或时间。

[3] 倾圮：倒塌。

[4] 假：借用。

[5] 役使：驱使；支配。

[6] 劳：酬劳。

守封茔[1]

墓藏先人体魄，子孙所当世守者也。古娄李坑二原，祖父诸叔墓在焉。各为屋募人处守之。捐田四亩，人佃其半，以食所入。祖妣[2]周郑，并葬峰岘岭下（后迁合葬古娄山），亦给守人田租二百五十斤，并责其守他山。子孙毋或更张，所有近茔竹树，无故不得剪伐，自贻[3]不孝。

【注释】

[1] 封茔：坟墓。

[2] 祖妣：此处指已故祖母。

[3] 贻：遗留，留下。

抚群从[1]

凡为家长者，自当检点以端[2]率人之本，而又主以公平，示以诚实，体悉[3]以宽恕慈惠，则群从有所观法，自将孚[4]悦服从。其或本既能端，而才识弗逮，则当虚心听纳，择人委任，事亦无不济者。若乃卑幼挟智傲上[5]，与夫为不善者，家长姑训诲之。训诲弗听，又戒饬[6]之。戒饬不悛[7]，又会众楚挞之。楚挞而有后言[8]，则告官惩治之。惩治而恶益甚焉，则削其谱牒氏名，不容参与燕会。三年改者复之。

【注释】

[1] 群从：指堂兄弟及诸子侄。

[2] 端：正，显示出。

[3] 体悉：体恤。

[4] 孚：为人所信服。

[5] 傲上：对长辈不恭敬。

[6] 戒饬：告诫。

[7] 悛：悔改。

[8] 后言：背后议论、指责人的缺点。

事[1]尊长

凡卑幼事尊长，当以忠诚恭逊为本，事无大小，必咨禀[2]乃行，不许专擅。尊长或执偏见，或徇己私，则当和声讽[3]之，婉言导之，积诚意感动之，未有不转移者。苟徒阿[4]佞[5]，以幸其成，狡诈以扬其过，皆非也。若尊长遇事掣肘[6]弗能胜任，则当献计策，曲[7]为赞襄[8]，匡其不逮。

【注释】

[1] 事：侍奉。

[2] 咨禀：请教；禀告。

[3] 讽：用含蓄的话劝告。

[4] 阿：迎合。

[5] 佞：用花言巧语谄媚。

[6] 掣肘：拉住胳膊，比喻阻挠别人做事。

[7] 曲：间接。

[8] 襄：辅助，协助。

端心术[1]

夫心者制事[2]之本。一存否之间，而天理之顺逆异焉，子孙善恶所由以分也。凡我长幼必存乃心，以合斯理，务使平恕[3]而不苛刻，光明而不暗昧[4]，正大而不侧[5]小，忠厚而不浮薄，诚实而不虚诈，庶几能顺天理而成贤子孙矣。反是，而恣[6]其血气之偏，极其计谋之巧，以谓人莫己知，而可以无所不至者。孰知冥冥之中，有天临之；昭昭之表，有人见之。

【注释】

[1] 心术：指思想品质，居心。

[2] 制事：处理重大事件。

[3] 平恕：公平宽仁。

[4] 暗昧：不光明磊落。

[5] 侧：靠近，偏爱。

[6] 恣：放纵，无拘束。

慎言语

夫言出诸口，一或苟[1]焉，灾眚[2]立至，故与其辩也宁讷[3]。凡我子孙于事上接下之际，必审[4]理度义，而慎其出焉。毋矜[5]己长，毋扬人短，毋非人之是，毋阻人之善，毋攻发人之阴私，毋离间人之骨肉，毋恃便捷利，而侈[6]然自以为直[7]。信能以是置诸怀抱，不致放去。

【注释】

[1] 苟：随便，轻率。

[2] 灾眚（shěng）：灾殃，祸患。

[3] 讷：忍而少言。表示有话在肚里，难以说出来。

[4] 审：仔细思考，反复分析、推究。

[5] 矜：自尊，自大，自夸。

[6] 侈：骄纵；自大状。

[7] 直：引申为正直；公正；不偏私。

养童蒙

童蒙以养正[1]为功。人家子弟，年方幼稚，良心犹存，必礼请端重简默素有教法者，俾司家塾，教之安详谦慎，务以养身之本。其课程随质量授，毋窘迫困顿，使无嗜学之趣。每塾不过十人，日令亲授讲肄，父母不得怜惜纵容嬉戏，以长骄惰。不率教者，父兄督治之，庶内外俱严，幼学长进。若聪秀可习举业[2]者，更隆聘币厚廪饩，以延经明行饬[3]之师，处以间，静别室，远去浮薄辈，使得专精术业。俟他日，文理颇通，始遣入黉校。诸赘馈[4]仪节，出自公堂。人给田二十亩，以瞻之，出仕乃止。父兄不得以科目[5]利钝亟责之，俾成材不失素养而已。其有酗酒黩货[6]，辜负作养者，会众劝戒。不悛，没其田以示罚焉。其有勤学励行[7]，志趣不凡者，则崇奖作成之。

【注释】

[1] 养正：涵养正道。

[2] 举业：指科举时代专为应试所学的诗文、学业、课业、文字。

[3] 饬：整顿。

[4] 赘馈：即馈赘，送礼。

[5] 科目：科举考试。

[6] 黩货：贪污纳贿。

[7] 励行：勉力而行。

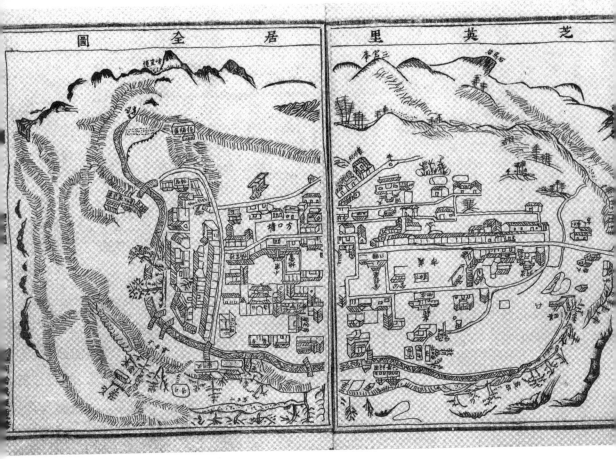

◎ 芝英里居全图

行冠礼[1]

礼始加冠，责成人也。暇日宜令子姓演习礼仪，讲明礼意，俾豫知[2]子臣弟友之道，则他日行之，自裕如[3]矣。

【注释】

[1] 行冠礼：古代男子二十岁举行的加冠之礼，表示其成人。

[2] 豫知：事先知道。

[3] 裕如：从容不费力。

严内外

男女远[1]，别[2]礼也。嫂叔兄姐之属，无故不许亲相授受[3]。亲而女婿母妻族属之往来，须宿外舍。贱而臧获佃人之供役使，亦必严立界限，以肃内外。

【注释】

[1] 远：避开。

[2] 别：另外的，不同的。

[3] 授受：给予和接受。

崇节俭

夫财用盈缩，家之兴废系焉。故凡亲朋燕飨往来交际赠遗之类，必使丰俭适宜。可为久远计者慎，弗夸耀以至倾败。若父母不存，生辰当倍悲痛，岂忍受贺张乐纵饮为乐？惟具牲礼告庙，会众散胙[1]可也。娶妇礼宜不贺，俗乃动假赛神[2]娱宾为辞，张戏剧，挟[3]乐妇，恣情渎乱，以致火盗奸淫，为害殊甚，宜禁绝之。翁婿相赆[4]，一费数十金，以谓非此不可，故有假贷鬻[5]产以充者，是可已不已者也。今当供奉书币[6]引情足矣，毋蹈流俗覆辙[7]。推[8]而生事起衅，尚智角力，以致争讼[9]不已，覆家亡身，而莫之悔者，尤为大蠹。戒之戒之。

【注释】

[1] 散胙：旧时祭祀之后，分发祭肉。

[2] 赛神：设祭酬神。

[3] 挟：倚仗势力或抓住人的弱点强迫人服从。

[4] 贽：古代初次拜见尊长所送的礼物。

[5] 鬻：卖，出售。

[6] 书币：书写礼单。

[7] 覆辙：这里指过去失败的做法或前人失败的教训。

[8] 推：从一件事情推及其他。

[9] 争讼：因争论而诉讼。

时祭飨

飨祀[1]所以报本[2]，有礼存焉。故春秋常祀，俗节献新[3]，有事祝告，为死忌，不为生忌。祀墓、祀灶[4]、祀土神之类，一准文公家礼，参以邱氏仪节。然礼不虚行，必以诚敬为本，子孙宜悉此意，毋怠[5]毋忽[6]。

【注释】

[1] 飨祀：祭祀。

[2] 报本：受恩思报，不忘本源。

[3] 献新：以新收获的谷物、果品等献祭神灵。

[4] 祀灶：祭祀灶神，古代五祀之一。上古祀灶多在夏月。

[5] 怠：轻慢，不尊敬。

[6] 忽：粗心，不注意。

贻[1]世业

祖遗公田，以供宾祭[2]，应门户不时之需，实寓世业深意。近因诸弟远虑，乃佥议[3]取下村并邻都常稔[4]田二百亩，名曰祠堂田，以供岁祀。李坑墓田三十亩，近家腴田若干亩，名曰均租田。听备岁用。圆塘仓屋，并山田基墅，亦属公堂。

【注释】

[1] 贻：遗留，留下。

[2] 宾祭：谓招待贵宾和举行大祭。

[3] 佥议：共同商议。

[4] 稔：庄稼成熟。

黜[1]异端

自先王礼教既微[2]，异端邪说乃炽。世俗怵祸邀福，好修庵院寺观，塑刻土木形象，徒耗财物而已。吾家旧有神像，皆撤去之，毋得更立。父母有疾，惟虔诚默祷，请医调理为宜。若设斋醮[3]舞巫觋[4]等类，殊为不经[5]，一切革之。

【注释】

[1] 黜：降职或罢免职务。

[2] 微：衰落；低下。

[3] 醮：在液体、粉末或糊状的东西里沾一下就拿出来。

[4] 巫觋：古代称女巫为巫，男巫为觋，合称"巫觋"。后亦泛指以装神弄鬼替人祈祷为职业的巫师。

[5] 不经：近乎荒诞，不合常理。

驭群小

家之臧获，及住庄守墓佃田等人，吾所役使也。当饥寒恤之，劳苦节之，强悍亵慢[1]惩治之。勿茹其懦，勿利其有，勿长其恶，勿侵扰以戕[2]其生，勿调戏以启其侮也。诸人有恤其艰，诉其非者，本主不得慢视回护而无所处焉。其远方人氏，无根着者，不许容留，以遗后患。

【注释】

[1] 亵慢：举止不庄重。

[2] 戕：伤害。

供赋役

有田则有赋，有身则有役。输赋以时，供役惟分，则上畏国法，下保身家矣。乃若包揽[1]输税[2]，因公纳贿，索取闲年常例[3]之类，皆吾素所深嫉者，不愿子孙有此。凡遇该年里役须择子弟畏服礼法，谙练[4]事体者赴官承当，斯无诖误[5]贻累[6]。

【注释】

[1] 包揽：招揽过来，全部承担。

[2] 输税：缴纳租税。

[3] 常例：按惯例送的钱，旧时官员、吏役向人勒索的名目之一。

[4] 谙练：明晓事理，历练老成。

[5] 诖误：贻误；连累。

[6] 贻累：指招致祸害。

殖[1]赀产[2]

子孙增置产业，须量土直，明券契，均权量。毋恃诈力[3]，欺孤弱寡，并减价延期，轻重出入，使生怨咨[4]。亩税务按籍收纳，毋得遗米折税，以瘠[5]贫难。凡此不特身致祸患，抑且贻累子孙。切宜戒之。庄屋及田塍界限，宜以时葺修完明，毋致芜圮[6]，侵人及侵于人。佃住访朴实，本分生理。

【注释】

[1] 殖：增值；增加。

[2] 赀产：财产。赀，通"资"。

[3] 诈力：欺诈与暴力。

[4] 怨咨：怨恨嗟叹。

[5] 瘠：损削。

[6] 芜圮：塌落，倒塌。

应氏源流

中华应氏，源自姬姓。约在公元前1050年，周武王第四子姬达，获封应国，随之以国为姓，姬达更名为应叔，是为华夏应氏始祖。到了西晋末年，应氏第46世孙应詹，受命于晋明帝，授都督江州诸军事、平南将军、江州刺史，携子应玄，南下履职，而后占籍留家浙江婺州之永康官田（古芝英）。应詹是为南宗应氏鼻祖。其后应氏家族苞茂日新，炳蔚相继，枝繁叶茂，陆续析居江南各地。明永乐年间，有瑞草灵芝产于祖茔之祥，乃更名为芝英。

芝英应氏，永康望族，一千六百余年来，聚族而居，敦宗睦邻，长幼有序，慈孝相闻，文风昌炽，百业兴盛，代有贤达。村镇建设，规制井然。如今的芝英是一个有着近万人口的应氏大村落。在不足两平方公里的老镇区范围内，留存至今的古宅有2000余间，不同朝代的应氏宗祠有60余座，省、市级文保单位以及重点文物古迹有84处。几年前芝英被建设部列为全国重点历史文化名镇之一。

同大多数的江南望族一样，历史上的应氏家族有一套完整的宗族自治管理系统，作为其中重要的一环，应氏家规、族训曾经起到十分重要的作用。芝英应氏族训主要有明代先贤创立的家规20条以及清乾隆年间由应可斋公所倡述的"思贻六要"。

应氏家族的繁衍兴替及其特点

芝英应氏以儒为宗，世守孔孟之道。清康熙年间，芝英应氏，文化昌盛，礼仪规范，被誉为"门成邹鲁"。这与东晋儒将应詹始祖不无关系。应詹尊儒重教，推崇礼法，以身垂范，其忠孝为先、仁义为大、忠君报国的思想情怀与倡导的家风一直为后世族裔所传扬。

应氏祖先之所以重视礼法家规，不仅仅是宗族治理的需要，在他们的心目中，这也是家族兴业守业、立于不败之地的根本。因为唯有"端心术""黜异端""崇节俭"，才有可能"贻世业""殖货产"，应氏族裔才有可能千秋万代，永续传家。当地清代名儒应正禄曾经有言："治家以礼法为先，余所见闾右抚万金之业者多矣！不再传家而败落者何哉？家法不修，子孙无所循，故也！"

与其他家族的家规、族训相比，芝英应氏家规20条有一个显著特点，那就是所订立的家规不高调、不空泛，而是着眼于日常生活与持家，有很强的操作性，非常务实。比如：守封茔、慎言语、谨称谓等等，均平实可行。又比如，抚群从、事尊长、养童蒙、供赋役，则是强调孝老慈幼这一做人的基本道理以及应尽的义务。家规一经订立，家族中每个人、每个家庭都必须遵守，从小事做起，从自身做起。否则说得再漂亮，调子唱得再高也是空谈。应氏家风的养成，芝英民风的建设就是从这些点滴的、最基本的为人准则起步的。历史上芝英应氏有着一个非常完备的宗族社会自治组织系统。体弱孤寡者可以得到救助，纠纷有人出面调解，扬善除恶，触犯家规马上予以警示，重者则开祠堂门予以惩戒，以至削其谱牒氏名。

那么"家规"在芝英应氏的繁衍发展当中究竟起到多大作用呢？1889年即光绪十五年，裔孙原上海道台应宝时在《己丑续修宗谱跋》中深情地写道："惟岁时回里祭祖，见余先世坟墓之葱郁，祠庙之巍峨，风尚之雍睦，科第之延绵，人皆乐耕读而不忍去，其乡所以丁口繁衍，亦以余芝英里为最，而非别宗所能及也。然余宗之所以盛者，非富贵利达，代不乏人。而足为世光宠也，盖吾祖自孝友公立家规后，至今几四五百载，子孙虽不能尺寸不渝，然大都不敢侈然自肆于礼法之外。"可见，应宝时认为芝英之所以秩序井然、兴盛发展，应当归功于孝友公订立的20条家规。此为"家有规所以规其家以及其远，规远则家由以远"的道理。[①]

没有规矩无以成方圆，正是因为有一个族人必须共同自觉遵守的准则，有一个良好的家风，千百年来芝英应氏继继绳绳，百业繁昌，应氏族裔传耕读，习举业；为工商，各所攻；兴家业，荣故里；建义庄，恤贫弱，由此积淀了丰厚的历史文化底蕴，并形成了富有特色的几大文化现象。

首先是书院文化

应詹是东晋时期文武双全的著名儒将。芝英应氏的历代先祖，继承祖训遗风，千百年来尊儒重教。据《芝英应氏家谱》记载，明代芝英应氏开馆设学，教育宗族子弟蔚然成风。尚道公崇教兴学，遍访名师，以重金聘请名儒，教育子侄，自己则日夜督学。10年后，儿应奎、侄应恩、应照皆中举，侄应典则考取进士。为了强化重教兴学的理念和传统，明代尚道公和方塘公还将教育后代列入全族应当共同遵行的《芝英应氏家规20条》。家规第7条规定"养童蒙"："童蒙

---

① 选自《芝英应氏家规·序》。

◎ 芝英祠堂——天成公祠

以养正为功。人家子弟，年方幼稚，良心犹存，必礼请端重简默素有教法者，俾司家塾，教之安详谦慎，务以养身之本……若聪秀可习举业者，更隆聘币厚禀饩，以延经明行饬之师，处以间静别室，远去浮薄辈，使得专精术业。"尚道公之子方塘公带头倡导家族子弟读书之风，构筑楼阁，聚书万签，颜其阁曰"方塘书阁"。

除了在家设立塾馆施教，芝英应氏宗族还在本地创设书院、学校。创建于536年的道教名观紫霄观，早在宋代便已兼具书院功能。被毛泽东誉为"为官一任，造福一方"的宋代名臣胡则以及永康南宋状元陈亮均曾在此读书讲学过。历史上，芝英应氏先后开办的书院和学校有善林书院、洞灵书院、西园书院、培风书院、武书院、鱼池书院，修齐初级小学、毓秀女校、培英小学等。

裔孙应文定在《恩德居记》中记载：厚庵公（十六世祖应修，号厚庵）"建厅事书室十数楹，延请名师教训子弟，主宾相得四十年，敬礼勿替。后先祖母接高祖之遗风，增广学舍……馆徒之盛郁郁彬彬。门下士飞黄腾达者不胜枚举"。西园书院之书楼傍园临池，堂上有"胶庠慕义"题匾，阁门上题"池映绮阁"，联云："孝友承先媲高曾声名北斗，诗书启后看奕叶步武云霄"。整个芝英洋溢着一种重教尚学的理念与家风，文楼、文棣兄弟故居厅堂匾额上的"敬教劝学"四个大字就是最好的诠释和写照。

重教尚学，硕果累累，芝英应氏一族人才辈出。据《登进采》记载，明清以来芝英应氏所出进士、举人、贡生、秀才、太学生等计有1000余人；出仕者无法计算。代表人物有应纯之，为国捐躯的宋代抗金名将、兵部侍郎、京东经略按抚使；应奎，明代出任广西、广东乡试大主考，被誉为"两广文衡"；应典、应廷育，同为明代进士、官员，又为著名学者、教育家；应宝时，清代上海道台，后任江苏按察使、布政使，既是官员，又是诗人、书法家和慈善家；应德闳，中华民国首任江苏省民政长（省长），因主持正义，究办宋教仁遇刺案并将真相公告于世，得罪了袁世凯。

其次是祠群文化

芝英应氏家规把建祠宇、守封茔列为第一、二条，这是应氏推崇儒家文化、弘扬孝道家风的最好诠释。因为祠堂是一个慎终追远、祭祖敬宗、以孝治族的重要载体，其历史功能和作用十分突出。宗祠管治的内容有祭祖，建规立制，议决大事，排解纠纷，兴学奖学，扶贫济困，续修家谱等等。

在芝英，应氏宗祠不是一个两个，而是一个群落。据统计，在不到2平方公里的范围内，历史上有应氏祠堂近百座，现存62座，同姓祠堂，数量如此之多，密度如此之高，可以说世所罕见。

祠堂上所挂的400多块匾额，也是芝英祠群文化的亮点之一。匾额内容以儒家伦理道德和理想人格为支柱，以宗族和谐与繁荣为中心，突出褒扬祖宗功德和贤人美德，对当地家风、民风的影响深刻而久远。诸如"王国懋勋""两广文衡""三吴文宗""文章山斗""三江柱楚""谕祭祭文""世沐荣恩"等，均在当地一带久负盛名。题赐匾额者有光绪皇帝、民国大总统徐世昌，还有明代大儒王守仁、大学士费宏，清代李鸿章、俞樾等。祠堂不愧是承继宗族历史文化的重地和文明教化的殿堂。

再者是慈善文化

芝英是儒、释、道三种文化融合的古镇。儒家的"孝悌仁爱"、道家的"积德行善"、佛家的"普渡众生"，都是告诫人们要行善修德。芝英应氏家规，也将"抚群从、事尊长"摆在了十分重要的地位。因此，芝英应氏在历史上出现过许许多多热衷于公益慈善事业的人和故事。

芝英应氏从明代以来，陆续创建了大宗义会、希范常、义庄、常平仓等慈善救助机构，专事于抚孤、恤寡、济困。这些善举让不少族人度过难关，走出困境，备感宗族的温暖与荣耀。其中义庄由原上海道台、江苏按察使、布政史、荣禄大夫、赠内阁学士应宝时公，捐赠良田2000余亩，于1873年创建。义庄对孤寡鳏独实行慈善供养，每月发放口粮20斤（老制20两为一斤）。为此，朝廷降旨敕建"乐善好施"牌坊一座，以示褒奖。应宝时侧室刘夫人用日积月累的针线钱，置田130亩附赠义庄，用以赡养族中的节妇、贞女。为褒扬夫人盛德，义庄门前立有一座"一品夫人"碑，由晚清重臣李鸿章题书。

除去针对族人的救助活动，芝英应氏面向社会也有许多善举。比如明正统年间，永康县学大成殿明伦堂被毁，芝英仕廉公以个人私财修缮。后由应尚道、应尚端两支子孙，不断续修、续建县学，前后延续400余年。《永康县学碑记》赞曰："应氏子孙又能成先人之志，以无废数百年之盛举，则其尤贤者矣！"

最后是五金商贸文化

根据宋代状元陈亮在芝英《紫霄观重建记》碑文中的记载，梁朝创建紫霄观时，观内道士已掌握炼丹工艺。丹矿中含有共生金属，这也说明，古代芝英便已有冶炼基础。

"千秋八百（喻指有许多田地），不如手艺盘身"，这是历代芝英人除了读书、种田以外的一种靠做手工艺谋生发展的经营理念。也因此造就了世代相传从事打铁（器）、打铜（器）、打锡（器）、打金银（首饰）、铸锅、钉秤等手工业的传统，形成了良好的区域产业环境和氛围。这同家规中"贻世业、殖货产"的精神也是一脉相通的。由于工艺精湛，芝英人打锡、打铜、铸锅、钉秤等手工业水平在全国同行及消费者心目中享有盛誉。著名锡器艺人应业根的锡制作工艺已成为国家级非物质文化遗产。据考证，芝英便是冠称"中国五金之都"的永康五金产业的发祥地。

芝英不仅手工业发达，还是区域商贸活动的中心。现存两条明清商贸主街道、三个商贸广场以及五日一集的传统便是芝英商贸兴盛发达的最好见证。除了综合交易场所，还有米市、柴市、猪市、鹅市、锡市等专业市场。明代正德《永康县志》记载：芝英"集市之日，肩贩云集，较他市为盛"。集市之日，人流如云，应氏宗祠特在24处村口、街口、市场口分设大茶缸，供赶集者免费饮用。这一传统一直延续到民国时期。正因为富庶繁华，早在清代芝英便被列为浙江省的八大镇之一。

（应忠良）

《郑氏规范》：何以治家，有法受之

168 条家规，法制化管理

历经 360 余年，十五世共居

173 人为官无一贪墨

与唐朝九世同居的张公艺一家相比，浦江郑义门依靠的不是一个"忍"字，而是更为具体有效的、法制化的管理规则。

家训节选

第十一条　朔望……"听，听，听，凡为子者必孝其亲，为妻者必敬其夫，为兄者必爱其弟，为弟者必恭其兄。听，听，听，毋徇私以妨大义，毋怠惰以荒厥事，毋纵奢侈以干天刑，毋用妇言以间和气，毋为横非以扰门庭，毋耽[1]曲蘖[2]以乱厥性。有一于此，既殒[3]尔德，复隳[4]尔胤。眷[5]兹祖训，实系废兴。言之再三，尔宜深戒。听，听，听。"

【注释】

[1] 耽：沉溺，入迷。

[2] 曲蘖：制酒的药料，这里代指酒。

[3] 殒：损害。

[4] 斁：毁坏。

[5] 眷：怀念。

第十二条　每旦，击鼓二十四声，家众俱兴。四声咸盥漱，八声入有序堂。家长中坐，男女分坐左右，令未冠[1]子弟朗诵男女训戒之辞。《男训》云："人家盛衰，皆系乎积善与积恶而已。何谓积善？居家则孝悌，处事则仁恕，凡所以济人者皆是也；何谓积恶？恃己之势以自强，克人之财以自富，凡所以欺心者皆是也。是故能爱子孙者遗之善，不爱子孙者遗之恶。《传》曰：'积善之家必有余庆，积不善之家必有余殃。'天理昭然，各宜深省。"《女训》云："家之和与不和，皆系妇人之贤否。何谓贤？事舅姑[2]以孝顺，奉丈夫以恭敬，待娣姒以温和，接子孙以慈爱，如此之类是也；何谓不贤？淫狎[3]妒忌，恃强凌弱，摇鼓是非，纵意徇私，如此之类是也。天道甚近，福善祸淫，为妇人者，不可不畏。"诵毕，男女起，向家长一揖，复分左右行，会揖而退。九声，男会膳于同心堂，女会膳于安贞堂。三时并同。其不至者，家长规之。

【注释】

[1] 未冠：20 岁以下弟子。

[2] 舅姑：公婆。

[3] 淫狎：淫，放纵；狎，态度不庄重。

第十三条　家长总治一家大小之务，凡事令子弟分掌，然须谨守礼法以制其下。其下有事，亦须咨禀而后行，不得私假，不得私与。

第十四条　家长专以至公无私为本，不得徇偏。如其有失，举家随而谏[1]之。然必起敬起孝，毋妨和气。若其不能任事，次者佐[2]之。

◎ 郑氏“江南第一家”牌坊群

【注释】

[1] 谏：规劝。

[2] 佐：辅佐。

第十五条　为家长者当以诚待下，一言不可妄发，一行不可妄为，庶[1]合古人以身教之之意。临事之际，毋察察而明[2]，毋昧昧而昏[3]，须以量容人，常视一家如一身可也。

【注释】

[1] 庶：希望。

[2] 察察而明：谓在细枝末节上用心，而自以为明察。

[3] 昧昧而昏：糊涂，不明白。

第十八条　子孙赌博无赖及一应违于礼法之事，家长度[1]其不可容，会众罚拜以愧之。但长一年者，受三十拜；又不悛，则会众痛箠[2]之；又不悛[3]，则陈于官而放绝之。仍告于祠堂，于宗图上削其名，三年能改者复之。

【注释】

[1] 度：忖度，此处指根据事情发生的程度，给以酌情处理。

[2] 箠：鞭打。

[3] 悛：悔改。

第二十三条　设典事[1]二人，以助家长行事。必选刚正公明、材堪[2]治家、为众人之表率者为之，并不论长幼、不限年月。凡一家大小之务，无不预焉。每夜须了诸事，方许就寝。违者，家长议罚。

【注释】

[1] 典事：辅助家长处理日常事务的职务。

[2] 堪：能。

第二十五条　择端严公明、可以服众者一人，监视[1]诸事。四十以上方可，然必二年一轮。有善公言之，有不善亦公言之。如或知而不言，与言而非实，众告祠堂，鸣鼓声罪，而易[2]置[3]之。

【注释】

[1] 监视：郑氏负责监督家族事务的职务。

[2] 易：更换改变。

[3] 置：设立。

第三十二条　立家之道，不可过刚，不可过柔，须适厥中。凡子弟，当随掌门户者轮去州邑[1]练达世故，庶无懵暗[2]不谙事机[3]之患。若年过七十者，当自保绥[4]，不宜轻出。

【注释】

[1] 邑：古时的行政区划；相当于县。

[2] 懵暗：昏昧，糊涂。

[3] 事机：办事的时机。

[4] 保绥：保持安好。

第四十五条　佃家劳苦不可备陈，试与会计之，所获何尝补其所费。新管当矜怜痛悯[1]，不可纵意过求，设使尔欲既遂，他人谓何。否则贻怒造物，家道弗延。除正租外，所有佃麦、佃鸡之类，断不可取。

【注释】

[1] 矜怜痛悯：顾惜怜悯。

第五十五条　子孙须令饱暖，方能保全义气。当令廉谨[1]有为者以掌羞服之事，务要合宜，而无不足之叹。

【注释】

[1] 廉谨：廉，廉洁；谨，谨慎。

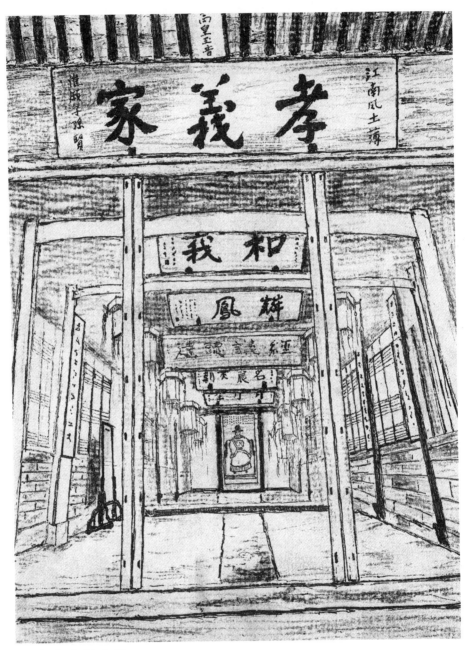

◎ 郑氏宗祠内景

第六十六条　子弟未冠者，学业未成，不听食肉，古有是法。非惟有资于勤苦，抑欲其识齑盐[1]之味。

【注释】

[1] 齑盐：齑，姜、蒜碎末。借指贫穷。

第七十三条　婚嫁必须择温良有家法者，不可慕富贵以亏择配之义。其豪强、逆乱、世有恶疾者，毋得与议。

第八十六条　子孙器识可以出仕者，颇资勉之。既仕，须奉公勤政，毋蹈贪黩[1]，以忝[2]家法。任满交代，不可过于留恋；亦不宜恃贵自尊，以骄宗族。仍用一遵家范，违者以不孝论。

【注释】

[1] 贪黩：贪污受贿。

[2] 忝：辱没。

第八十七条　子孙倘有出仕者，当蚤[1]夜切切[2]以报国为务。忼恤下民，实如慈母之保赤子；有申理者，哀矜[3]恳恻[4]，务得其情，毋行苛虐。又不可一毫妄取于民。若在任衣食不能给者，公堂资而勉之；其或廪禄[5]有余，亦当纳之公堂，不可私于妻孥[6]，竞为华丽之饰，以起不平之心。违者天实临之。

【注释】

[1] 蚤：同"早"。

[2] 切切：务必。

[3] 哀矜：哀悯。

[4] 恳恻：诚恳恻隐。

[5] 廪禄：廪，官府发给的粮食；禄，俸禄。

[6] 孥：儿女。

第八十八条　子孙出仕，有以赃墨[1]闻者，生则于《谱图》

上削去其名，死则不许入祠堂。如被诬指^[2]者则不拘此。

【注释】

[1] 赃墨：贪污受贿。

[2] 诬指：捏造事实冤枉人。

第九十条　为人之道，舍教其何以先？当营义方^[1]一区，以教宗族之子弟，免其束脩^[2]。

【注释】

[1] 义方：行事应当遵守的道理和规范，这里指家庭教育。

[2] 束脩：扎成一捆的干肉，代指学费。

第九十九条　桥圮^[1]路淖，子孙倘有余资，当助修治，以便行客。或遇隆暑，又当于通衢设汤茗一二处，以济渴者，自六月朔至八月朔止。

【注释】

[1] 圮：倒塌。

第一百零三条　子孙之于尊长，咸以正称，不许假名易姓。

第一百零六条　卑^[1]幼不得抵抗尊长，一日之长皆是。其有出言不逊、制行^[2]悖戾^[3]者，姑诲之。诲之不悛者，则重箠之。

【注释】

[1] 卑：下辈。

[2] 制行：规定道德和行为准则，亦指德行。

[3] 悖戾：违背常理，行为暴戾。

第一百零七条　子孙受长上呵责^[1]，不论是非，但当俯首默受，毋得分理。

【注释】

[1] 呵责：大声斥责。

第一百零八条　子孙固当竭力以奉尊长，为尊长者亦不可挟此自尊。攘拳奋袂[1]，忿言秽语，使人无所容身，甚非教养之道。若其有过，反复喻戒[2]之；甚不得已者，会众箠之，以示耻辱。

【注释】

[1] 攘拳奋袂：攘，挏起；袂，袖子。

[2] 喻戒：开导警告。

第一百一十五条　广储书籍，以惠子孙，不许假[1]人，以至散逸。仍识卷首云："义门书籍，子孙是教[2]；鬻[3]及借人，兹为不孝。"

【注释】

[1] 假：借用。

[2] 子孙是教：教育子孙。

[3] 鬻（yù）：卖。

第一百二十条　子孙为学，须以孝义切切为务。若一向偏滞[1]词章，深所不取。此实守家第一事，不可不慎。

【注释】

[1] 偏滞：偏重停留。

第一百二十二条　子孙年未三十者，酒不许入唇；壮者虽许少饮，亦不宜沉酗杯酌，喧呶鼓舞[1]，不顾尊长，违者箠之。若奉延宾客，唯务诚悫[2]，不必强人以酒。

【注释】

[1] 喧呶鼓舞：喧哗吵闹。

[2] 愨（què）：诚实。

第一百三十条　家业之成，难如升天，当以俭素是绳[1]是准[2]。唯酒器用银外，子孙不得别造，以败我家。

【注释】

[1] 绳：约束。

[2] 准：标准。

第一百三十四条　吾家既以孝义表门，所习所行[1]，无非积善之事。子孙皆当体此，不得妄肆威福[2]，图胁[3]人财，侵凌人产，以为祖宗积德之累，违者以不孝论。

【注释】

[1] 所习所行：家族的风气和所做的事情。

[2] 妄肆威福：任意妄为、作威作福。

[3] 图胁：谋划胁迫。

《郑氏规范》渊源及创建者

浙江浦江郑义门的家训《郑氏规范》，在当今尤为知名。在网上搜索发现，中纪委和监察部的网站上也有关于它的详尽信息。如果你来到浦江，更是能随处买到《郑氏规范》的小册子。不过，多数情况下，很少有人会告诉你，这部家训出自元代郑太和编撰的《郑氏旌义编》，如今尚有明代的刻本流传。该书共两卷，上卷便为该规范全文，下卷是关于这部规范的其他文字如序、跋等等。书中有元末明初著名的政治家、文学家宋濂的引，也就是序言，交代了郑氏规范成书的过程，指出郑氏先祖已有草创，经几代完善，到浦阳郑氏八世孙郑涛，率其弟郑泳、郑涣、郑湜，同其兄郑濂、郑源，在先辈所定的

◎ 郑宅白麟溪①

___

① 北宋时期，白麟之后郑淮迁居浦江，郑淮为不忘祖宗，把一条名为香岩
的溪流改名为白麟溪。溪流上横跨着十座古桥，皆建于明代。

基础上，几次修订，增为168条，成为《郑氏规范》的定本。宋濂文云："厘为三卷，通名曰《郑氏旌义编》。"如今流传的《郑氏旌义编》皆为二卷。据当地的地方文化研究者张伟文考证，此书原文本为二卷，从未见有三卷本。"三卷"云云，或刊刻之误。

郑姓的来源十分古老。一般认为，郑姓出于姬姓，而姬姓属周王室，传说中是黄帝后裔后稷的子孙。周宣王二十一年（公元前807），封宣王母弟友于郑，后来以国名为氏。北宋时，郑凝道来江南任职，其曾孙三人郑渥、郑浼、郑淮迁居浦江。郑淮子郑绮，为郑义门九世同居第一世祖。

郑绮（1118—1193）所处的年代，为天下大乱、兵戈横击的南宋初年。他终身布衣，一生未仕，但以孝治家，定下了家族合食共居的规矩，并遗言子孙一体遵循。到第五世主家政的郑德璋（1244—1309），因为群居人数日渐增多等原因，开始以法齐家，每天清晨敲钟集齐家众，反复申明"毋听妇言"之诫。他还组织了乡里武装，帮助官府维持地方稳定；又开办了乡里私塾——东明精舍，重视族人的文化教育，为族人读书做官开辟了通道。

《郑氏规范》168条是分三次增补来完成的。首次创立家训的，是郑绮第五世孙郑德璋的儿子郑文融（1264—1353）。他年轻时出外担任元朝政权的下层官吏，辗转多地。一天，忽然长叹："我的家族自建炎年间合居共食，至今不变。我不去继承好这个传统，万一死去，人家会怎么评论我？"于是弃官回家，以礼法驾驭族内众人，以朱熹《家礼》为蓝本，讲求礼制，指挥众人。其间又得到当地大儒吴莱、柳贯等的协助，制定家规58条。他认识到创立基业固然不易，但要坚守基业并不比创立基业容易，所以一定要建立家规。家规的内容，不仅涉及家族支出各项费用的节制、各种大事的礼仪规定，还包括宾客的接待、乡亲的善待等等，力图做到不要过奢过俭，以中庸之道行事，为家业的永久打好基础。1338年，郑文融将刻有58条家训的石头竖立在庭院中。

时隔年余，《郑氏规范》又有大的增补。这次增补由郑钦等完成。郑钦是郑文融的弟弟郑文厚的儿子，过继给郑文融为嗣。关于这次增补，说法不一。据明初文学家宋濂的说法，这次增补由郑钦、郑铉兄弟一起完成，共增92条。郑钦自己写的《续规序》中说是60余条，而族谱中说他增补73条。郑钦在序言中并没有提到郑铉。而《义门郑氏先祖图解》中说郑铉有"《续家规》一卷"，当时也刻成石刻，立于家中，但今天已无从觅得石刻和相关文献记载。那么，为什么隔了一年就增补了比原先多了一倍多的条文呢？郑钦的解释是：增补的条文是来自祖父平常的训诫，可以填补已成家规中没有覆盖的部分。

郑钦（1291—1353），族谱中说他"气局刚方，遇事能随机应之，益振其门"，看来是一个有魄力、有智慧、有能力的人物。郑氏到他这一代，已经合居九世，所以他很有维护家族的自觉意识。他增补的家规，涉及到奉先之孝、睦族之义、恤怜之仁，又谈到需摒弃诫勉的暴强僭侈、倡优词曲。今天所见的《郑氏规范》中，确有大量上述内容。

最后主持完成《郑氏规范》的是郑钦的下一辈，太常博士郑涛偕同兄弟郑泳、郑涣、郑湜、郑濂、郑源等共同完成。郑涛（1315—1386），曾在朝廷任职，博通经传；退居乡里后，招延宾客，诗酒风流。他主持修编后因时制宜，随时变通，最后定下来现存的168条。洪武十一年（1378），家训编毕，郑涛请同师门的宋濂作序，然后汇入《郑氏旌义编》刊行于世。

以法规范、孝义治家的家训精神

中国唐宋以来出现过不少合族同居、财产公共的家庭。在至今可见的文献中，《郑氏规范》是非常有代表性的一部家庭法典。据郑氏家族编著的《郑氏圣恩录》记载，洪武十八年（1385），郑义门家长郑仲清赴京晋见朱元璋。朱说："你家九世同居，孝义名冠天下，可谓'江南第一家'。"并问何以治家。仲清以"谨守祖宗成法"应对，并呈上《郑氏规范》。朱元璋阅后说："人家有法守之，尚能长久，况国乎？"之后让郑每年来朝见。朱元璋的概括，极为简洁地指出了《郑氏规范》的特点。

用今天的话来说，《郑氏规范》宛如一个团体章程，比起以前单纯的道理说教复杂许多。它不单是正义、公平、仁爱等原则的抽象说教，也不仅是礼让、容忍等人与人之间相处时必须遵守的原则的简单宣示，而是这些原则应该如何遵循践行的具体法规。《郑氏规范》的制定者都有极为丰富的生活经验，所以他们不相信有完美的人，不相信一个家长天然地具备道德修为和领导经验，所以《郑氏规范》以法条的形式规定了许多具体的秩序，意以法条来规范人性，以秩序来保证正义，具有很强的操作性。

从法的角度看，它拟定了此团体的性质，组织机构的组成、功能，对成员的管理方式、奖惩，以及成员所必须遵守的规范等等。其内容丰富，意义深长。

郑氏家训所以能够持续数百年而经久不衰，还不断发展扩充，其家族之长的权限及行为规范起到了很重要的作用。

郑氏家族的最高统治者为家长。《郑氏规范》（下文简称《规范》）第十三条明示："家长总治一家大小之务"，这意味着这位最高"长官"可以管辖族中所有事务，包括财产权、隐私权、言论自由权等等，家长的权力理论上是无远弗届的。但是，在《规范》中，谈到家长更多的是对家长行为的规范。如第十三条"凡事令子弟分掌"，第十四条"家长专以至公无私为本，不得徇偏"，第十五条"为家长者当以诚待下，一言不可妄发，一行不可妄为，庶合古人以身教之之意"，这些规范就是要求家长所有事情均不得一人独断专行，而要与他人一同治理。家长必须至公无私，不准拉偏架。如果家长没有做到这点，全家人可以一起来劝阻。但劝阻要讲究方式，要在敬、孝的气氛中进行，不得伤了家中和气。"若其不能任事，次者佐之。"如果家长真的管不了事了，年龄位居其下的第二位家中成员可以辅佐他管事——连家长不称其位时的办法都指出来了。家长还要坚持一个"诚"字，"临事之际，毋察察而明，毋昧昧而昏，须以量容人，常视一家如一身可也。"用今天的话来说，就是碰到各种事时，不要弄得像名侦探福尔摩斯一般每件事都能说出个来历用意，那样的话，"水至清则无鱼"，人家也没法活了；当然，也不能稀里糊涂，当个昏庸的傻瓜，而且要有大度量，视人如己。这样，就不会出现一个滥用权力、随意发号施令的家长。

其实这正是自古以来中国传统政治的精髓之一。一个社会需要有一个权力中心。最高权力如果予以分割，通常会带来内讧等不稳定因素，所以社会需要一个全方位的领导。但是权力如果集中到一个不良的君王身上，社会遭受的灾难可能比无君王时更甚，所以人们不得不想些办法对君王作些限制。中国古代的传统是让儒家来承担此项任务，创造"仁义礼智信"等道德律条，对君王作出要求。这种对君王的道德要求当然经历过许多次惨败，但间或也会结出成功的果实。从郑氏义门的情况来看，这个家族对权力的两面性也有深刻的认识，所以《规范》中对家长的权力谈得不多，因为无需多谈，但对家长的道德要求则反复谈，因为不谈不行，多谈总比少谈好。从中也可以看出郑氏对于权力本质的深刻认识。

领导权的分割

不仅仅是前面说的"凡事令子弟分掌"，《规范》还非常具体地设置了不少职位来承担具体的运作。据统计，在家长下面的职位有十六七种，共二十来人。主要的有以下这些。

典事：这基本上是现今企业中CEO的角色了。"设典事二人，以助家长行事"，而且不论资排辈，不限年龄大小，只要公正刚直、有才能者，都在候选之列，职责是家族内任何事情都可以参与处理。考虑到家长年事已高，典事可以说是实权派，直接对家长负责。但典事每天晚上睡觉前必须将所有该干的事情干完，绝对没有加班费一说。违者家长可以处罚。

监视：负责监察，没有行政权，但有监察权。设监视一人，要求"端严公明，可以服众"，年纪必须在40岁以上，能洞明世情、了解众心。监视两年一轮。他的职责是"纠正一家之是非，所以为齐家之则"。好的行为，监视当公开表彰；坏的行为，也要公开指出。监视要监督家长的所作所为，由于全家的兴衰关系在他身上，所以他不能有所顾忌、要敢于直言。对家长，必要的时候应该犯颜直谏；家长不听，等到家长心情好时，再行劝谏。考虑到家长享有职权，监视的直谏应该会有相当的效力。对家中成员，监视则可以直言劝导，如不听从，可以动用家法，用鞭子抽。监视要立《劝惩簿》，分月将家人的善恶记在本子上，其他人不可阻碍。监视还要造两块牌，一为"劝"，二为"惩"，何人有功、何人有过，分别书写于两块牌上，放在家众会拜处三天，以示赏罚公开。

上面是家族一级层次的"领导者"。按事项，《规范》还列出了具体的负责人：有掌管粮仓进出的"主记"；有负责收纳租税、保护山林池塘、买田买地和实现财富增值等职责的"通掌门户"；有负责收放钱米的"掌管新事"，有负责婚丧仪式及饮食的"掌管旧事"——这两个职位太繁忙了，因此规定半年必须轮换新人；有负责男女衣服、连带化妆品和染坊的"羞服长"；有负责家族食堂的"掌膳"，二人共掌，一年一轮，不得连任；有负责钱货出入的"掌钱货"，也是二人共掌；有负责家族财产流通的"掌营运"，二人共掌；有负责开店铺做生意的总管"启肆"；有负责农副业生产的"畜牧"；有负责接待宾客的"知宾"；有负责家族武装的"保助闾里"；有负责家族私学的"山长"；家长之妻则担任"主母"，负责组织家中妇女的家务劳动。

对女性的规范

郑氏家训中还有大量的篇幅用于规范女性的行为举止。《规范》出世之前，浦江郑家一世祖郑绮就因妻子对婆婆不恭而两度离婚；五世祖郑德璋则在堂上辄申"毋听妇言"之诫。到《规范》出来，规定更是细致：妇人出言轻慢、干涉事务者，均需罚跪。要"安详恭敬，奉舅姑以孝，事丈夫以礼，待娣姒以和"，"无故不出中门"。夜里一定要有蜡烛相伴才能在族中行走，否则就不能走出去。如有嫉妒长舌者，先教诲，不改就责罚，再不改就赶出家门，断绝婚姻关系。

但新娶的媳妇可以有半年的过渡期。这半年内要学好郑家的规矩。如果没有学好，则对其丈夫进行责罚。妇女穿着要求雅洁，但奢华要坚决反对。不能饮酒，但五十岁以上例外。妇女生子，不能请乳娘。除非父母还在，否则妇女不得回娘家。女孩8岁以上不能去外婆家。全体妇女都要参加生产劳动，或做饭或纺织养蚕等。而且工作时众人要在一起，免得个别人偷懒。女婴也是生命，不得溺毙。至于婚嫁，也有严格的规定：不能为贪图富贵结姻，而要选择温良的、笃守家法的人结姻。有两种情况是不能考虑联姻的：豪强恶霸横行无道的，祖上有很不好的疾病的。

对子孙的教育

郑氏家族的"领导者"们深深明白，如要家业长久，务须子孙有为，而这种种有为又应该与道德完美结合。从今天的眼光看，他得首先是唯物主义者，相信道德必须建立在一定的物质基础之上："子孙须先饱暖，方能保全义气"，然后再要求子孙一定要通达世情，知人知心，所谓"世事洞明皆学问，人情练达即文章"。"凡子弟，当随掌门户者轮去州邑练达世故，庶无懵暗不谙事机之患。"五世祖郑德璋开办了族中私塾——东明精舍，为郑氏族人入仕出山提供了正规的途径。《规范》规定，8岁要入小学，12岁要外出拜师，16岁入大学。除非到了21岁，学无所成，那就回家从事实际生产劳动。读书的子孙，特别要注意的第一条，也是守住家业的第一条，是切切不可沉迷于文艺腔的词章，告诫他们如此读书会让家族陷入贫困。这是郑氏家族特别强调的一点。当然，《规范》中更为重要的还是对不读书的子孙的教诲。如未成年的男孩，学业不成，是不能随意吃肉的。这不单单是为了培养他吃苦耐劳的习惯，更是要让他尝一尝人生的疾苦。子孙们一定要守礼节，对长辈悉用字号和辈分尊称，不得直呼姓名。兄弟间要有义家的气象。下辈不可对尊长有违抗的迹象，否则尊长可教诲，教诲不听可鞭打。对尊长的教诲，不论是非，子孙先俯首领受。当然，《规范》强调，尊长也不能恃身份胡言乱语、胡作非为。子孙不得态度轻浮，出言孟浪；不得看非礼之书，如碰到格调低下、语涉下流的书，包括妖魔玄幻之类在内，要立即焚毁；不得在外结交帮派豪强等；不得学习胥吏事务，不得玩各类游戏，不得赌博；不得养飞鹰、猎犬等用来嬉玩的生灵；不得无故设宴、浪费家财。

对出仕官员的约束

在今天，《规范》中最被人称道的是第86、87、88这3条，内容是约束族内外出当官的人员。《规范》规定：族中子弟出去做官必须忠心报国、体恤百姓、毋涉贪渎，千万不能"一毫妄取于民"，这跟古人"升官发财"的通常观念相反。《规范》特别指出：如在做官期间生活困难，家族可以给予资助；如果官员薪禄有余，也不能用在自己的老婆孩子身上，必须交给家族。另外，做官的族人不能因为自己地位高了而看不起宗族。如果有贪污受贿的，宗族的惩罚是除去此人在族谱中的名字，死不入祠堂，也就是赶出家族，断绝关系。在一个宗族社会，这种惩罚还是相当有效的。

对宗族和社会的责任

郑氏九世同居，九世以外的郑姓即为宗人。按《规范》，郑氏义门对宗人也应该负一份责任。不能让他们流离失所，对贫困缺粮者，应该给予每月六斗的救济，直到收割时分。宗人无法婚嫁的，也要予以帮助；没有房子住的，要给予适当的住处；死后无处下葬的，让他们葬在义冢中；生病缺药的，资助一部分药材。《规范》还规定族人只能帮人，不能接受馈赠。对有益的社会事务，要量力积极参与，如路坏桥塌，郑氏如有余资，应资助。夏天酷暑时，可于大路边设一两处场地供应茶汤，供行人饮用。对于部分佃给佃农耕种的田产，《规范》谆谆叮嘱："佃家劳苦，不可备陈"，意思是说一定要为他们考虑，一年的收获是否抵得上花费。"不可纵意过求"！否则，田主的愿望达到了，佃农以后的生活怎么办？肆意过求会触犯上天，祸贻子孙。另外，除正租外，断不可再要佃农的其他物品，原来古代的地主也能这样处理他们与农民之间的关系。

最后要交代一下的是郑氏义门合族共居形式的终结。

明英宗天顺三年（1459），郑氏分家析炊，历时十五世三百多年的共居历史就此告终。

分家的原因，在当时未曾尽述，事后也充满争议。但郑氏合门共居三百多年的历程，其家族观念、孝义至上等理念在此起了莫大的作用。一般认为，大概与下列几件事情有关：正统十一年（1446），浙、闽、赣边境爆发了农民和矿工起义；1449年，乱军过郑义门，烧杀掠抢，家室尽毁；十年后，又遇火灾，除家庙外，宅皆毁灭。经过这几场灾难，郑家元气尽失，已有的财力已经无法支撑合居生活，无奈中郑氏只好分家析炊。

（卢敦基）

《袁氏世范》：单独成书，处世之范

睦亲，处己，治家

三卷 208 条

写给平民，比肩《颜氏家训》

　　这是一部单独成书的家训。按袁采自序："绍熙改元长至日三衢梧坡袁采书于徽州婺源琴堂"，知其在南宋光宗绍熙元年（1190）的农历夏至的婺源县写了这篇自序，由此可推知此书或在当年刊行。刊发后的书中还有一篇袁采同僚刘镇的序言，写于"淳熙戊戌"，即1178年，距此书刊行至少还有12年。在当时，印书是一件大事，书的序言提早十多年写毕，也在情理之中。

　　此书，袁采本拟题名《俗训》，即写给民间百姓诵读的意思。刘镇读后，觉得此家训不仅可以施行于一县，也可以施之于天下；不仅可以用于一时，也可以用于子孙后代。他于是建议改名为《世范》。袁采将此事告诉同僚刘景元，刘景元表示，还是用《俗训》更为妥当。为一世立楷模，是箕子等世间大贤做的事。司马光在历史上也算颇为杰出了，写的书也只叫《家范》。袁采同意这个说法。但是最后拗不过刘镇，三次反复后，用了现在的书名。

　　此书不仅是袁氏后人在不断刊刻，其他文人也给予它极大关注。宋代著名目录学家陈振孙《直斋书录解题》和元代大学问家马端临的

《文献通考》都著录了此书。明代的《唐宋丛书》、《眉公秘籍》两种丛书以及清代的《训俗遗教》都予以收录。清朝乾隆年间，以《眉公秘籍》中所收为底本，以《永乐大典》中所载为校勘，成《四库全书》本，置之子部儒家类，流传更广。

家训节选

性不可以强和

人之至亲，莫过于父子兄弟。而父子兄弟有不和者，父子或因于责善[1]，兄弟或因于争财。有不因责善争财而不和者，世人见其不和，或就其中分别是非而莫名其由。盖人之性，或宽缓，或褊急[2]，或刚暴，或柔懦，或严重[3]，或轻薄，或持检[4]，或放纵，或喜闲静，或喜纷挐[5]，或所见者小，或所见者大，所禀自是不同。父必欲子之强合于己，子之性未必然；兄必欲弟之性合于己，弟之性未必然。其性不可得而合，则其言行亦不可得而合。此父子兄弟不和之根源也。况凡临事之际，一以为是，一以为非，一以为当先，一以为当后，一以为宜急，一以为宜缓，其不齐如此。若互欲同于己，必致于争论，争论不胜[6]，至于再三，至于十数，则不和之情自兹而启，或至于终身失欢。若悉悟此理，为父兄者通情于子弟，而不责子弟之同于己；为子弟者，仰承于父兄，而不望父兄惟己之听，则处事之际，必相和协，无乖争[7]之患。孔子曰："事父母，几谏，见志不从，又敬不违，劳而无怨。"[8]此圣人教人和家之要术也，宜熟思之。

【注释】

[1] 责善：以善相责，即要求别人尽善。语出《孟子·离娄下》："责

善，朋友之道也。父子责善，贼恩之大者。"意指父子之间相互要求太高，是最伤感情之事。

[2] 褊（biǎn）急：气量狭小，性情急躁。

[3] 严重：严肃稳重。

[4] 持检：自持，自我约束。

[5] 纷挐（ná）：纷乱，错杂。

[6] 不胜：敌不住，制伏不住。

[7] 乖争：纷争。

[8] 事父母，几谏，见志不从，又敬不违，劳而无怨：出自《论语·里仁篇》。大意为：侍奉父母，如果他们有不对的地方，要婉转地劝阻。见自己的心意没被接纳，仍然对他们恭敬，不对他们违逆对抗，尽管心中忧愁，但不生怨恨。

人必贵于反思

人之父子，或不思各尽其道，而互相责备者，尤启不和之渐[1]也。若各能反思，则无事矣。为父者曰："吾今日为人之父，盖前日尝为人之子矣。凡吾前日事亲之道，每事尽善，则为子者得于见闻，不待教诏[2]而知效[3]，倘吾前日事亲之道有所未善，将以责其子，得不有愧于心！"为子者曰："吾今日为人之子，则他日亦当为人之父。今父之抚育我者如此，畀付[4]我者如此，亦云厚矣。他日吾之待其子，不异于吾之父，则可以俯仰无愧。若或不及，非惟有负于其子，亦何颜以见其父？"然世之善为人子者，常善为人父，不能孝其亲者，常欲虐其子。此无他，贤者能自反，则无往而不善；不贤者不能自反[5]，为人子则多怨，为人父则多暴。然则自反之说，惟贤者可以语此。

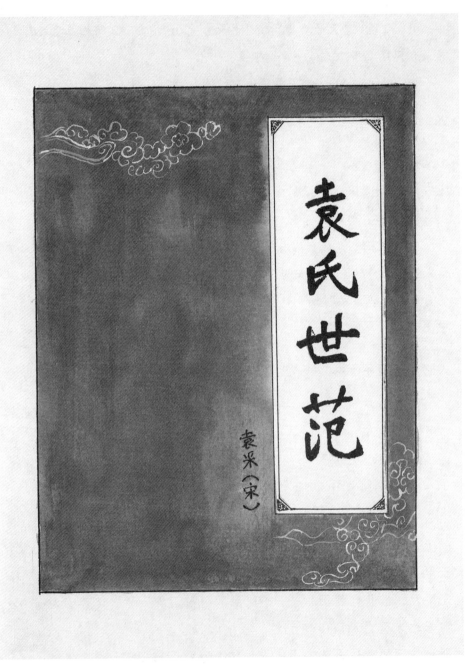

◎《袁氏世范》，袁采（宋代）　著

【注释】

[1] 渐：开端。

[2] 教诏：教诲，教训。

[3] 知效：知道仿效。

[4] 畀（bì）付：付与，付出。

[5] 自反：自己反省。

父兄不可辩曲直

子之于父，弟之于兄，犹卒伍[1]之于将帅，胥吏[2]之于官曹[3]，奴婢之于雇主，不可相视如朋辈，事事欲论曲直。若父兄言行之失，显然不可掩，子弟止[4]可和言几谏。若以曲理而加之，子弟尤当顺受，而不当辩。为父兄者又当自省。

【注释】

[1] 卒伍：指士兵。

[2] 胥吏：官府中的小吏和差役，即设有官位的官府工作人员。

[3] 官曹：官员办事机关，这里代指官员。

[4] 止：只，仅仅。

人贵能处[1]忍

人言居家久和者，本于能忍。然知忍而不知处忍之道，其失尤多。盖忍或有藏蓄之意。人之犯我，藏蓄而不发，不过一再而已。积之既多，其发也，如洪流之决，不可遏矣。不若随而解之，不置胸次[2]。曰："此其不思尔。"曰："此其无知尔。"曰："此其失误尔。"曰："此其所见者小尔。"曰："此其利害宁几何"[3]。不使之入于吾心，虽日犯我者十数，亦不至形于言而见于色，然后见忍之功效为甚大，此所谓善处忍者。

【注释】

[1] 处：对待，处理。

[2] 胸次：胸间，胸臆。

[3] 此其利害宁几何：这有多大利害关系呢？

顺适老人意

年高之人，作事有如婴孺，喜得钱财微利，喜受饮食、果实小惠，喜与孩童玩狎[1]。为子弟者，能知此而顺适其意，则尽其欢矣。

【注释】

[1] 玩狎：同"狎玩"，接近戏弄。

子弟须使有业

人之有子，须使有业[1]。贫贱而有业，则不至于饥寒；富贵而有业，则不至于为非。凡富贵之子弟，耽酒色，好博弈，异衣服[2]，饰舆马[3]，与群小为伍，以至破家者，非其本心之不肖，由无业以度日，遂起为非之心。小人赞其为非，则有哺啜[4]钱财之利，常乘间而翼成[5]之。子弟痛宜省悟。

【注释】

[1] 有业：有职业，有工作。

[2] 异衣服：穿与众人不一样的衣服，这里指穿着奇装异服。

[3] 饰舆马：装饰马车。

[4] 哺（bǔ）啜（chuò）：吃喝。

[5] 翼成：辅助促成。

背后之言不可听

凡人之家有子弟及妇女好传递言语，则虽圣贤同居，亦不能不争。且人之做事不能皆是，不能皆合他人之意，宁[1]免其背后评议？背后之言，人不传递，则彼不闻知，宁有忿争？惟此言彼闻，则积成怨恨。况两递[2]其言，又从而增易[3]之，两家之怨至于牢不可解。惟高明之人有言不听，则此辈不能离间其所亲。

【注释】

[1] 宁：岂能？

[2] 两递：两边传递。

[3] 增易：增添，改变。

亲旧贫者随力周济

应[1]亲戚故旧有所假贷[2]，不若随力给与之。言借，则我望其还，不免有所索。索之既频，而负偿冤主反怒曰："我欲偿之，以其不当频索。"则姑已之[3]。方其不索，则又曰："彼不下气问我，我何为而强还之？"故索而不偿，不索亦不偿，终于交怨而后已。盖贫人之假贷，初无肯偿之意，纵有肯偿之意，亦何由得偿？或假贷作经营，又多以命穷计绌[4]而折阅[5]。方其始借之时，礼甚恭，言甚逊，其感恩之心可指日以为誓。至他日责偿之时，恨不以兵刃相加。凡亲戚故旧，因财成怨者多矣。俗谓"不孝怨父母，欠债怨财主"。不若念其贫，随吾力之厚薄，举以与之。则我无责偿之念，彼亦无怨于我。

【注释】

[1] 应：答应。

[2] 假贷：借贷。

[3] 姑已之：姑且算了，不还了。

[4] 计绌（chù）：计谋不足。

[5] 折阅：商品减价销售。

人之智识有高下

人之智识固有高下，又有高下殊绝[1]者。高之见下，如登高望远，无不尽见；下之视高，如在墙外欲窥墙里。若高下相去差近[2]犹可与语；若相去远甚，不如勿告，徒费口颊尔。譬如弈棋，若高低止较三五着，尚可对弈。国手与未识筹局之人对弈，果何如哉？

【注释】

[1] 殊绝：差异特别大。

[2] 差近：比较接近。

穷达自两途

操履[1]与升沉[2]，自是两途[3]。不可谓操履之正，自宜荣贵，操履不正，自宜困厄。若如此，则孔、颜[4]应为宰辅，而古今宰辅达官，不复小人矣。盖操履自是吾人当行之事，不可以此责效于外物[5]。责效不效，则操履必怠，而所守或变，遂为小人之归矣。今世间多有愚蠢而享富厚、智慧而居贫寒者，皆有一定之分，不可致诘[6]。若知此理，安而处之，岂不省事。

【注释】

[1] 操履：操守，指道德等。

[2] 升沉：指仕途的升降沉浮。

[3] 两途：两条道路。

[4] 孔、颜：孔子、颜回，泛指有道德的人。

[5] 责效于外物：要求在表面的事物上显出效果，意指不能以官职的大小来判断此人是否有道德。

[6] 致诘：责问，追究。

世事更变皆天理

世事多更变，乃天理如此。今世人往往见目前稍稍荣盛，以为此生无足虑，不旋踵而破坏者多矣。大抵天序十年一换甲[1]，则世事一变。今不须广论久远，只以乡曲十年前、二十年前比论目前，其成败兴衰何尝有定势！世人无远识，凡见他人兴进及有如意事则怀妒，见他人衰退及有不如意事则讥笑。同居及同乡人最多此患。若知事无定势，则自虑之不暇，何暇妒人笑人哉！

【注释】

[1] 换甲：变换开头，古代以干支纪年，用天干和地支搭配，天干每十年一轮回。

人生劳逸常相若 [1]

应高年飨富贵之人，必须少壮之时尝尽艰难，受尽辛苦，不曾有自少壮飨富贵安逸至老者。早年登科[2]及早年受奏补[3]之人，必于中年龃龉[4]不如意，却于暮年方得荣达。或仕宦无龃龉，必其生事[5]窘薄，忧饥寒，虑婚嫁。若早年宦达，不历艰难辛苦，及承父祖生事之厚，更无不如意者，多不获高寿。造物乘除之理类多如此。其间亦有始终飨富贵者，乃是有大福之人，亦千万人中间有之，非可常也。今人往往机心巧谋，皆欲不受辛苦，即飨富贵至终身。盖不知此理，而又非理计较，欲其子孙自小安然飨大富贵，尤其蔽惑[6]也，终于人力不能胜天。

【注释】

[1] 相若：类似，相似。

[2] 登科：科举考中进士。

[3] 奏补：也称为荫补，指对因故而被取消的荫封予以补封。

[4] 龃（jǔ）龉（yǔ）：本指牙齿不齐，此指人生道路坎坷不平。

[5] 生事：生计。

[6] 蔽惑：受蒙蔽而产生迷惑。

忧患顺受则少安

人生世间，自有知识以来，即有忧患如意事。小儿叫号，皆其意有不平。自幼至少至壮至老，如意之事常少，不如意之事常多。虽大富贵之人，天下之所仰羡以为神仙，而其不如意处各自有之，与贫贱人无异，特其所忧虑之事异尔。故谓之缺陷世界，以人生世间无足心满意者。能达此理而顺受之，则可少安。

人行有长短

人之性行虽有所短，必有所长。与人交游，若常见其短，而不见其长，则时日不可同处；若常念其长，而不顾其短，虽终身与之交游可也。

小人为恶不必谏

人之出言举事[1]，能思虑循省[2]，而不幸有失，则在可谏可议之域。至于恣其性情，而妄言妄行，或明知其非而故为之者，是人必挟其凶暴强悍以排人之议己。善处乡曲者，如见似此之人，非惟不敢谏诲，亦不敢置于言议之间，所以远侮辱也。尝见人不忍平昔所厚之人有失，而私纳忠言，反为人所怒，曰："我与汝至相厚，汝亦谤我耶！"孟子曰："不仁者，可与言哉？"[3]

【注释】

[1] 出言举事：说话做事。

[2] 循省：检查，省察。

[3] 不仁者，可与言哉？：出自《孟子·离娄上》。意思是：不仁的人，难道可以与他商议么？

不可轻受人恩

居乡及在旅，不可轻受人之恩。方吾未达[1]之时，受人之恩，常在吾怀，每见其人，常怀敬畏，而其人亦以有恩在我，常有德色[2]。及吾荣达之后，遍报则有所不及，不报则为亏义，故虽一饭一缣[3]，亦不可轻受。前辈见人仕宦而广求知己，戒之曰："受恩多，则难以立朝。"宜详味此。

【注释】

[1] 达：得意、得志。此指获得显赫的官职。

[2] 德色：自认为对人有恩德而流露出来的神色。

[3] 缣：双丝织的浅黄色细绢。这里指布匹。

关于《袁氏世范》

如今世上留存的关于袁采的资料是如此稀少，衢州至今没有一个姓袁的村落将其奉为始祖。从某种角度看，这对本篇的写作也许是一桩好事，在此，我们可以多聊聊这部书本身。

对《袁氏世范》的古代权威评价可见《四库全书总目》，其中写道"其书于立身处世之道，反覆详尽，所以砥砺末俗者，极为笃挚。虽家塾训蒙之书，意求通俗，词句不免于鄙浅，能大要明白切要，使览者易知易从，故不失为《颜氏家训》之亚也。"《颜氏家训》是北朝时颜之推撰写的一部家训，为我国首部家训，影响极大，后人模仿它写家训的不少，而《袁氏世范》被誉为《颜氏家训》第二，殊非易事。

《袁氏世范》共3卷，即《睦亲》《处己》《治家》，每卷又由

◎ 袁采画像

若干条组成。经统计，3卷分别为66、68、74条，总计208条。这次我们在前两卷中选了其中的16条。

上卷"睦亲"，说的是要与亲人和睦。袁采说的亲，包括家中的直系亲属、远亲近戚，甚至故旧婢仆等。旁人一写这个主题，定是先列出一堆大道理，如父慈子孝等等。当然，讲大道理也没错，但是袁采偏偏不这样做。他奉上的第一篇就是"性不可以强合"。他认为：哪怕是有道德的人们，其性格脾气有时也不能完全融洽，这是天生禀性不同，没有必要强求统一。而人与人合不来，也不要一概将原因归结到道德上面。在"人生贵于反思"中，他强调了人们在思考问题时，要站在对方的角度想一想，要反思一下自己以前处于对方的情景时是怎么做的，不要一味求全责备。

我们经常说，古代的中国人一著书立说就是讲大道理，所欠缺的是操作性。但《袁氏世范》偏偏具有很大的操作性。对待父兄，袁采指出，不能讲道理，不能辩是非曲直。朋友之间可以讲明道理，辨明是非，子弟与父兄的关系，如士兵与将卒、小吏与大官、奴婢与主人，有什么道理好讲？听从就是。父兄实在有不对的地方，也要和颜悦色、婉转曲折地提出。

更让人惊奇的是袁采还对心理疗法有相当的了解。张公艺九世同居，家庭和睦，是古代的家庭典范。《旧唐书》"孝友列传"记载了这个故事：当皇帝去问他持家如此有何秘诀时，张公艺请人拿来纸笔，书写了百个"忍"字。皇帝为之流涕。袁采论及此事，特别强调，忍得太多，可能会如冲垮堤坝的流水，一旦奔腾泛滥，会一发不可收拾。正确的办法是，随时打发，不存胸臆。每遇不如意事，就寻出理由："是小孩子不懂事吧？""是当事人粗心疏忽了吧？""是当事人眼界小了一点吧？""这事不管怎样还是小事吧？"……种种宽解，才不会使自己包袱日重，酿成大患。袁采对人的心理的体察，何等在理！

　　袁采谈到亲情时，特点是非常理性和冷静。有些问题，他认为不是一味靠宽容、忍耐就能解决的，他也给出了良方。如他强调：子弟必须有业。"贫贱而有业，则不至于饥寒；富贵而有业，则不至于为非"，把"业"——即现在所说的"工作"的重要性讲得透彻至极。当今社会，有一种现象就是啃老族蔓延：一方面，是子弟怯于吃苦，另一方面，是父兄易于优容，再加上现今社会的财富积累、消耗与古代已完全不同。所以袁采的教导，即使在今日仍是允当之极。再比如他讲到亲戚故旧间的钱财帮助。他力主帮助有困难的亲友，认为与其把钱借给他，还不如根据自己的能力所及赠送一点。为什么？借钱给人，日后如去索要，对方的想法是："本来要还，想不到此人这么啰嗦小气，算了，不还了！"如果一直不去要，人家又会这样想："债主自己都不来要，我急着还干啥？"要，不是；不要，也不是，最后必然伤感情。而借的人，来借的时候有的会有不想还的心理，即使愿意偿还，也会因各种的意外而延后。借钱的时候满心感谢，还钱的时候恨不得兵刃相见，所谓"不孝怨父母，欠债怨财主"是也！所以袁采在讲到财产处置时异常理性，特别是关于继承权和财产分配的事情，如"庶孽遗腹须早辩"，"收养义子当绝争端"等。关于大家在旧戏曲或小说中常见的指腹为婚的社会现象，袁采也有非常精到的剖析：议婚的时候，女的想有所依靠，男的想觅得佳偶。但富贵盛衰，更迭无常，情况一变，遵约则难保家，背约则为薄义。早知今日，悔不当初！

　　中卷"处己"，说的是一个人应该遵循的生活准则。袁采不仅是一个道德主义者，更是一位实事求是的实践者。所以他在该卷的卷首不谈永恒的道德准则，而是谈世间人与人的差异，揭示这种差异的客观存在，认为思想差距较大的两个人有时根本无从对话，遑论理解。这种意识可能来源于孔、孟所谓的"上智与下愚不移"，而孔、孟的这种理念可能来源于自己的生活体验。袁采尽管强调了人的差异性，但他还是从更现实的角度阐释了一个人在世上的官职升降和他的道德品质之间的关系。有许多人对人生抱着理想主义的道德看法，认为一个人有好的道德一生必有出息。袁采完全反对这种观念，将人生遭遇与道德品质分而视之，从而得出了让理想主义者非常扫兴的结论："操履与升沉自是两途。"不能说一个人坚持道德，就能享受荣华富贵。如果事情这么简单，那么孔子、颜回都至少应该当宰相，而自古以来的大官就不应该有一个坏人。"今世间多有愚蠢而享富贵，智慧而居贫寒者"，其原因，只能说"自有一定之分，不可致诘"。但是袁采讲到这里，又坚持了理想主义的底色。他说：道德是我等必须遵循的，切不可以外在效果来评判人是否应遵循道德。

尽管中国古代有"生死有命、富贵在天"的宿命论思想，袁采还是对自己的行为设置了许多道德标准，最根本的标准是"处事当无愧心"。不要以为人家不知道就可以做坏事。"人虽不知，神已知之。"这个神，不是佛家的因果报应，也不是《圣经》中那位无所不知、无所不能的上帝，"吾心即神，神即祸福。"人要靠良心来监管自己。"心不可数，神亦不可欺。"具体地说，如"人不可怀慢伪妒疑之心"、"人贵忠信笃敬"、"厚于责己而薄责人"、"公平正直人之当然"、"恶事可戒而不可为"、"君子有过必思改"、"言语贵简当"、"觉人不善知自警"、"凡事不为已甚"等等，都是修身的良方。对待坏人，他也有自己的原则。他认为"小人作恶必天诛"。认为如今横行霸道之人，可能其子孙会自败其家；喜讼之人，可能会自投罗网。另外，家庭的平和、节俭等道德准则，他也多次强调。

下卷为"治家"。主要讲的是如何管理家中的财产、仆婢、小孩，防火、防盗以及应该及时纳税、为善乡里等。这一卷多为具体方法，由于今人与宋代的社会形态相去太远，许多教诲已经失去了现实性。此不赘述。

家训轶事

《袁氏世范》的作者，是南宋衢州的袁采。他究竟为衢州哪里人至今不能确定。《袁氏世范》的自序，署名"三衢梧坡袁采"。"三衢"为今天的浙江衢州，毫无疑义。但"梧坡"是什么意思，今人或以为是袁采的字号，或地名亦有可能。但遍检《四库全书》，别无任何匹配。

查当地方志的记载，现存较早的《康熙徽州府志》（下文简称《志》）"世科表"中的"西安世科"，收入了袁采："隆庆元年进士，监登闻院。""西安"为衢县前身。《志》中还著录了一些袁采的著作，但无进一步的详尽情况。光绪年间的《常山县志》"杂科"中也记有"袁宷，圆通寺前人，由荐辟任四川转运使。"此袁宷与袁采的生活时代一致，但未有资料确认是否为同一人。圆通寺坐落于塔山脚下、城墙之内，现已辟为广场，游人熙攘，一派繁华。

袁采的生平事迹，今天可知的资料不多，大抵如下：他早年做过太学生，宋孝宗隆兴元年（1163）考中进士，乾道四年（1168）任萍乡县主簿，淳熙五年至九年（1178—1182）任乐清县知县，后转任政和县知县。至迟绍熙元年（1190）担任婺源县知县，三年后（1192）仍在任。最后的官职是监登闻鼓院或监登闻检院。儿子袁景清在开禧元年（1205）考中进士。

袁采著作的这本《袁氏世范》与颜之推所著的《颜氏家训》有些异同之处。共同点在于两者都是训诫人的书，都是古代人们的行为典范。这里重点讲讲两部书的区别。

第一个不同，是《颜氏家训》在讲了一通道理后，会举上很多实例，有前朝史书中的，也有当时听闻的。如一篇专门讲续娶妻子的《后娶》，举例讲到了平辈亲戚殷外臣。殷的儿子皆已成人，妻子死后，续娶王氏。儿子们拜见后母，"感慕呜咽，不能自持，家人莫忍仰视。王亦凄惨，不知所容。旬月求退。"一个后母便这样被前妻的儿子哭走了，所谓兵不血刃也。北宋司马光的《司马温公家范》，更有大量的实例。偏偏袁采此书，纯是讲理，一个例子都没有。究其原因，可能是袁采更懂得抽象思维，知道道理可以讲得周全完美，例子反而因为带有特殊性，常常会带来意想不到的副作用。比如东汉的马援，曾经留下"马革裹尸"的成语，是为公忘私的典型。他在今天的河内一带带兵打仗，闲时给侄子写过一封有名的《诫子书》，诫勉他们不要谈论别人的过错："闻人之失，如闻父母之命，耳可得闻，口不可得言也。好论议人长短，妄是非正法，此吾所大恶也，宁死不愿闻子孙有此行也。"信写到这里，马援意犹未尽，接着以京城的两位著名人物为例："龙伯高敦厚周慎，口无择言，谦约节俭，廉公有威"，愿你们向他学习；"杜季良豪侠仗义，忧人之忧，乐人之乐，清浊无所失。父丧致客，数郡并至，吾爱之重之"，但我不愿你们向他学习，为何？像杜季良这样的人，"郡将下车辄切齿，州郡以为言。"即背后议论的人很多。"吾常为寒心，是以不愿子孙效也。"不料此家书从家中传到了外面，杜季良的对头上书，诉杜某"为行浮薄，乱群惑众"，伏波将军从万里外写信以他为例以诫兄、子。这还了得？光武帝刘秀凭此家书，免杜氏官职，并连带谴责与杜交好的梁松、窦固。后来皇帝派梁松去马援军中监察，梁松还诬陷殉职后的马援贪腐。马援的侯印因此被追回。这样的教训，岂不惨痛！看来袁采是深深领会了议论别人长短的危害之处。

第二个明显的不同，是《颜氏家训》的篇幅较大，内容较为庞杂，《袁氏世范》的内容则比较简单。袁采的书是写给大众看的，所以内容止于修身及日常生活应对必须遵循的准则。颜之推的书是写给子孙看的，他希望子孙能保持高贵的门第，储备必须的文化，所以在家训中有大量的关于学习文化知识的内容。如《勉学》一篇，篇幅浩大，讲了学习的重要性，还专门与人辩论读书有没有用，又讲了自己的学习经验，特别强调了幼年学习的效果。他反对烦琐注疏的学习方法，但强调认字的重要性。他举了许多勤勉学习终成大器的例子，包括皇帝和"蛮人"，以此勉励子孙勉力向学。他还强调了学习时互相切磋讨论的必要，最后还谈到看书必须目验，不要妄听他人，甚至还讲到如何校书，"观天下书未遍，不得妄下雌黄。"《音辞》一篇更是宝贵的对音韵学的探索，保留了不少的古读音。

《袁氏世范》对后代影响很大。它本来是写给平民读的书，平民也接受了这部书。后来民间流行的《居家必用事类全集》等都收录了这部著作。清代时，此书在日本、越南都有流传。日本于1850年就有汉文加训点的刊本《世范校本》。越南阮逸（1793—1871）所著家训书《阮唐臣传家规范》采录了《袁氏世范》中的18条训言。《袁氏世范》如今还有日文、英文译本（参见李勤璞、俞云龙文）。

（卢敦基）

《朱子治家格言》：启蒙教材，常读常新

634 字，对仗工整
中国人的启蒙读物
治家教子，脍炙人口

《朱子治家格言》是中国历代家训中最为著名、流传最广、影响力最大的家训之一。全文634个字，工整对仗，朗朗上口，易于诵读。自从问世以来，无论是普通百姓、官宦、士绅还是读书人家，都用它作为治家教子的经典教材；再加上它易读易诵，有助于流传，因此其中不少名句出现在百姓家的对联、条幅之中，甚至被选入民国的小学课本，作为启蒙读物。

家训全文

黎明即起，洒扫庭除[1]，要内外整洁；既昏便息，关锁门户，必亲自检点。

一粥一饭，当思来处不易；半丝半缕，恒念物力维艰。

宜未雨而绸缪，毋临渴而掘井。

自奉必须俭约，宴客切勿流连。

器具质而洁，瓦缶胜金玉；饮食约而精，园蔬愈珍馐[2]。

勿营华屋,勿谋良田。

三姑六婆,实淫盗之媒;婢美妾娇,非闺房之福。

奴仆勿用俊美,妻妾切忌艳妆。

宗祖虽远,祭祀不可不诚;子孙虽愚,经书不可不读。

居身务期质朴,教子要有义方。

勿贪意外之财,勿饮过量之酒。

与肩挑贸易,勿占便宜;见穷苦亲邻,须加温恤。

刻薄成家,理无久享;伦常乖舛[3],立见消亡。

兄弟叔侄,须分多润寡;长幼内外,宜法肃辞严。

听妇言,乖[4]骨肉,岂是丈夫;重资财,薄父母,不成人子。

嫁女择佳婿,毋索重聘;娶媳求淑女,勿计厚奁。

见富贵而生谗容者,最可耻;遇贫穷而作骄态者,贱莫甚。

居家诫争讼,讼则终凶;处世诫多言,言多必失。

勿恃势力而凌逼孤寡;毋贪口腹而恣杀牲禽。

乖僻自是,悔误必多;颓惰自甘,家道难成。

狎昵恶少,久必受其累;屈志老成,急则可相依。

轻听发言,安知非人之谮愬[5],当忍耐三思;因事相争,焉知非我之不是,须平心暗想。

施惠无念,受恩莫忘。

凡事当留余地,得意不宜再往。

人有喜庆,不可生妒忌心;人有祸患,不可生喜幸心。

善欲人见,不是真善;恶恐人知,便是大恶。

见色而起淫心,报在妻女;匿怨[6]而用暗箭,祸延子孙。

家门和顺,虽饔飧[7]不济,亦有余欢;国课早完,即囊橐[8]无余,自得至乐。

读书志在圣贤,非徒科第;为官心存君国,岂计身家。

守分安命，顺时听天。为人若此，庶乎近焉。

心好命又好，富贵直到老。命好心不好，福变为祸兆。

心好命不好，祸转为福报。心命俱不好，遭殃且贫夭。

心可挽乎命，最要存仁道。命实造于心，吉凶惟人召。

信命不修心，阴阳恐虚矫。修心一听命，天地自相保。

【注释】

[1] 庭除：庭院。

[2] 珍馐：珍奇精美的食物。

[3] 乖舛：违背。

[4] 乖：背离。

[5] 谮（zèn）愬（shuò）：诬蔑人的坏话。

[6] 匿怨：对人怀恨在心，而面上不表现出来。

[7] 饔（yōng）飧（sūn）：饔，早饭；飧，晚饭。

[8] 囊（náng）橐（tuó）：口袋。

《朱子治家格言》与《朱子家训》的渊源

《朱子治家格言》并非《朱子家训》，二者虽是由朱家不同时代的祖先写成，但经常会被混淆，在这里不能不作一些区分。

《朱子治家格言》的作者是朱用纯，生于1627年，卒于1698年，字致一，号柏庐，江苏昆山人。从他的生卒年月不难发现，他生活在明末清初，经历了两个朝代的更迭。

《朱子家训》原名《紫阳朱子家训》，是宋代朱熹所作，载于《紫阳朱氏宗谱》（原文见附录）。

朱熹是唯一非孔子亲传弟子而得以享祀孔庙者，位列大成殿十二哲。他是宋朝的理学家、闽学派的代表人物，世称朱子。朱子强调三纲五常，他的思想可称为中国封建社会的精神支柱。从《朱子家训》中可以很清楚地看出他所强调的纲常秩序：君仁臣忠、父慈子孝、兄友弟恭、夫和妻柔，每个角色都有明确的分工定位、行为规范；对见什么人言谈举止应该如何，在什么场合应该怎么做，都一一做出规定。

《朱子家训》虽然流传不广，但其中所要求的，可谓封建社会的基本行为准则，也对朱家后世流传更广的治家格言，产生了深远的影响。

朱用纯一生历尝大时代之艰辛，他的父亲朱集璜是名动一时的大学者。1645年，时为顺治二年，清军攻打昆山城，朱集璜为大义所趋，登上城墙抵御清军。清军铁蹄踏破城墙，朱集璜投河殉国。

朱用纯为长子，父殁之时弟妹皆幼，最小的弟弟尚在母亲腹中。城破父亲殉国，他只好带着母亲、弟妹四处流亡，生活颠沛流离，直至时局安稳才回到故里。为悼念父亲，朱用纯遂取二十四孝中王裒"攀柏悲号"①之典，取号柏庐。

朱柏庐一生研究程朱理学，为著名理学家。少时也曾准备科举，但国破父亡之后，家国之恨交织，于是拒绝出仕，在乡里潜心学问，致力教育，声名远播。康熙曾多次征召，都被婉拒。朱柏庐不但拒绝出仕，一切官方荣誉称号比如"博学鸿词"，都拒绝接受；乡饮大宴也坚决不参加。他在教育上十分用力，用精楷写了数十本教材，用于不同阶段的教学。

《朱子治家格言》在写作的时候，就存有作为启蒙教材之意，因此非常注意可诵性。对仗工整，韵脚铿锵，用词浅显，读来朗朗上口，易于背诵；抽出单句作为对联、条幅的内容也很合适，即具有

---

① 王裒（bāo）是西晋学者，对父亲的死深感悲痛，早晚到坟上跪拜，手扶着柏树悲伤地哭泣，泪滴树上，树都枯萎了。

天然的流行性。在内容上，它包括了治家育人的方方面面，既正大光明，又依礼有度。最重要的是，其中所说内容，都是做人的基本道理，容易做到，也应该做到，即使对目前的读者来说，其中很多内容仍然符合社会普世价值观，具有一定的教育意义。

《朱子治家格言》的治家之道

"黎明即起，洒扫庭除，要内外整洁；既昏便息，关锁门户，必亲自检点。"几乎所有的家训开篇都要求门户严谨。"黎明即起，洒扫庭除"，差不多是所有中国传统家庭的习惯，也是老一辈以身作则教育下一代的重要身教。因为在中华民族的传统意识里，早起和对环境清洁的重视，关联到个人和家庭是否在认真地生活。日落而息，亲自检查门户，是中上家庭对于当家人的要求。因此一晨一昏，往往能看出这户人家的生活态度，只有认真严谨、有好的态度才能过好每一天。

"一粥一饭，当思来处不易；半丝半缕，恒念物力维艰。"这两句是耳熟能详的经典名句，可用作对联。这里爱惜物力，不仅仅是节约开支的意思，更多的是对物质生产背后的那些劳作者的尊重，是对人类文明产物的珍惜，其中显露的情怀既谦逊又高贵。

"宜未雨而绸缪，毋临渴而掘井。"凡事要早早地想在前面，早做准备。从家庭的角度而言，居家过日子，细水长流，有预见，有计划，是长治久安过下去的行为准则。试想一下，大到灾荒年月还存有余粮，孩子早早地送进合适的书塾；小至秋天的时候收起塘里的残荷，冬天就可以有荷叶粉蒸肉吃的家庭，一定是和谐愉快、安宁连绵的。

"自奉必须俭约，宴客切勿流连。"奢侈之风不可涨，也不可以

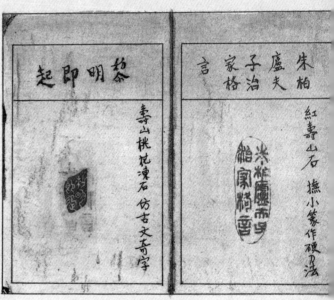

◎ 《朱子治家格言》印谱

因为借口宴请宾客而放松。大宴宾客，吃喝至深夜，连宴数日，这些都是暴发户的行径。

"器具质而洁，瓦缶胜金玉；饮食约而精，园蔬愈珍馐。勿营华屋，勿谋良田。"中国文人有嚼菜根的传统，类似的训诫很常见，只是不如此句工整顺畅。明万历年间有《菜根谭》一书，整书都在强调这个观点。器皿耐用清洁，饮食简洁精致，这是君子之家的风范，远比金碗玉盏、山珍海味来得可贵。这份高洁的文人情怀，也是中国普通百姓所佩服、想效仿的。

"三姑六婆，实淫盗之媒；婢美妾娇，非闺房之福。奴仆勿用俊美，妻妾切忌艳妆。"明朝的陶宗仪在《辍耕录》里有一章解释何为"三姑六婆"："三姑者，尼姑、道姑、卦姑也；六婆者，牙婆、媒婆、师婆、虔婆、药婆、稳婆也。"其中，卦姑是指给人算命的女性，牙婆是买卖人口的，师婆即巫婆，虔婆即现在的妈妈桑，药婆不但治病还下蛊，稳婆则接生。这几种职业都由当时的市井女性承担，服务对象也多是宅门里的女性。她们走街串户，见惯也做惯阴事，所以即使在古代也被认为是门风败坏的源头。至于拥有美妾娇婢、俊仆艳妻，在作者看来也往往是有失上下尊卑、惹出事端的原因，所以也不是什么好事。总之，一户家庭之内，总以少是非为好。

"宗祖虽远，祭祀不可不诚；子孙虽愚，经书不可不读。"此句后来出现在不少家训之中，被广泛征引。祭祖读经，在中国传统社会中是最重要的两桩事，因此也是一些著名家训中的重要内容，否则会被认为不能延续正统。

"居身务期质朴，教子要有义方。勿贪意外之财，勿饮过量之酒。"意思是自己行为有方，也要这样教儿子。取之有道，凡事有度。

"与肩挑贸易，毋占便宜；见穷苦亲邻，须加温恤。"这两句都在讲要体恤比自己贫穷的人群。对肩上挑着担子的小买卖人，就不要占他们的便宜了；亲戚邻居中有贫苦的，一定要有所体谅，态度温和。这里有一点公民社会的萌芽种子，温贫恤弱，体现的是一种社会责任感。

"刻薄成家，理无久享；伦常乖舛，立见消亡。"中国人把家当成国的缩影，因此要求为人要正大光明、宽仁温厚；要遵守伦常，认为那是维护家庭存在的基本秩序和基本规范。

"兄弟叔侄，须分多润寡；长幼内外，宜法肃辞严。"分多润寡的思想，至今被一些多子女家庭的家长所认可。传统大家庭要和谐，要能够维持，就是要由一部分人生产、一部分人分润。不过这个价值观在讲究公平的现代社会，恐怕已经行不通了。

"听妇言，乖骨肉，岂是丈夫；重资财，薄父母，不成人子。"这句体现了家族的内部次序，把兄弟关系放在夫妻关系之上，姓氏的联系是第一位的，符合封建社会的家庭价值观。将资财和父母作对比则更耐人寻味，放在当代，可能会是工作与亲情的冲突，但是在当时，应该是指分家分产时与父母有可能产生矛盾，应该以父母为重，提倡重情轻财。

"嫁女择佳婿，毋索重聘；娶媳求淑女，勿计厚奁。"联姻不应为财，起码不要为了眼前的财产，而要注重联姻对象的家庭教育和本人的素质，要择佳婿娶淑女。

"见富贵而生谄容者，最可耻；遇贫穷而作骄态者，贱莫甚。"富贵不能淫，贫贱不能移，安贫乐道，低调谦逊，遇富不谀，遇穷不骄，这是一种淡泊，也是一种修养。中国传统知识分子讲究不以物喜，不以己悲，而如何看待贫与富，常常是最好的个人考验与修炼。

"居家诫争讼，讼则终凶；处世诫多言，言多必失。"古代家训中常常见到诫讼的忠告，这与当时的政治环境有关。非法制社会不支持平民诉讼，因为几乎都没有好结果，所谓逢讼必凶。出于趋吉避凶的原则，所以告诫子孙坚守避讼、少言。

"勿恃势力而凌逼孤寡；毋贪口腹而恣杀牲禽。"前半句是告诫不要恃强凌弱，后半句则带有深厚的佛家意识以及今人观念上的动物保护主义的色彩了。

"乖僻自是，悔误必多；颓惰自甘，家道难成。"君子慎独，并不是刚愎自用、自以为是，别人的话一句不听。但自甘堕落，自认懒惰，逃避现实，也必将使家门笼罩在懒散颓败的气氛之中，当然不可能振兴家业了。

"狎昵恶少，久必受其累；屈志老成，急则可相依。"这句是教导如何选择交往人群。和品行低下的恶少亲近，经常混在一起，时间久了，品行也会受到不好的影响。如果对方做坏事案发，也有可能被当成同案有所牵涉。倒不如和那些老成而具有操守的人交往，哪怕自己有一些委屈，碰到紧急危难的事情，可以有人帮助。在人际交往中，这是非常现实的讲法，兼顾了儒家的价值观。所谓"近朱者赤，近墨者黑""孟母三迁"的道理即在此。

"轻听发言，安知非人之谮愬，当忍耐三思；因事相争，焉知非我之不是，须平心暗想。"这里讲到交往中的言语是非如何处理。有人跑来讲人是非，先别轻易相信一面之词，应耐住性子多想想。如果和别人起了争执，也要平心静气，想想会不会自己也有错。江南民间有种说法：前半夜想想自己，后半夜想想人家。为人行世，过于利己，只想到自己这一边的利益，最后不免众叛亲离。很多事往往没有对错，各有各的道理，不能因为一时意气，只想到自己这一边的委屈，也要设身处地替对方考虑。这种群体生活的基本准则，在任何时代都不会过时。

"施惠无念，受恩莫忘。"与人恩惠，给就给了，不要老是记着，更别挂在嘴上；但是受人好处，就不可忘记，要知恩图报。这句和上面的诚言一样，不但是个人修养，自我要求，也是人生经验，是非常普世的价值观，符合中国人在自我要求上克己复礼的道德观。

"凡事当留余地，得意不宜再往。"说起来，中国古代真是一个非常讲究中庸的时代，几乎所有家训都教人保持一种平衡。人生得意须尽欢这种情绪，只宜在诗中昙花一现。生活里就是要进进退退，适可而止，留有余地。越是大胜，越要谦逊，不可赶尽杀绝；越是得意，越要谨慎，不可得意忘形。

"人有喜庆，不可生妒忌心；人有祸患，不可生喜幸心。"还是讲人与人的相处之道。人家有喜事，应该衷心为他们高兴，而不是心生妒忌；别人遇到祸患，要真诚地帮助，不能幸灾乐祸。社会是一个群体，大家好才是真的好，真诚也是一种修养。

"善欲人见，不是真善；恶恐人知，便是大恶。"做人需坦荡。做好事是为了让人看到，那是表演作秀，不是真正的行善；做了坏事惟恐人知道，便是大奸大恶。

"见色而起淫心，报在妻女；匿怨而用暗箭，祸延子孙。"这是典型的因果报应论思想，意在告诫人们为人要品正行端、不可妄为。

"家门和顺，虽饔飧不济，亦有余欢；国课早完，即囊橐无余，自得至乐。"家庭和睦，长幼有序，虽然贫苦一些，吃得简单一些，但家和万事兴；早早缴完国家的税赋，哪怕口袋里没有几个余钱了，也心安理得，非常喜乐。这是一种家宁国顺乃人生至乐的朴素人生观。

"读书志在圣贤，非徒科第；为官心存君国，岂计身家。"读书是为了追随圣贤，不是为了科举这个功利的目的；出仕为官应该为君为国效力，怎么能只想着自己的小小身家。所谓弃私利、取大义，人生的终点不在于功名利禄，而在于道的获得。这是真正的志存高远。

"守分安命，顺时听天。为人若此，庶乎近焉。"在古代社会，安分守己是一种非常高的境界。如果按现在的价值观来解释，首先要知道我们的本分是什么。许多人终其一生，也不能够了解自己的本分。有的自我期望过高，有的不敢争取，有的将自己放错位置，本分是什么，不但与自我认知有关，也关系到对整个社会结构是否有深刻的认识。天命是什么？不同的时代，不同的价值体系之下，有不同的说法。到了现代，天命更多的是指天下大势，指整个社会的政治经济形势走向。除了认清自己，认清当下之外，还有尽忠职守、踏实认真之意。如果社会上每一个人都能够在自己的岗位上尽职尽责，不搅乱社会秩序，则整个社会将井然有序、高效发展。

　　"心好命又好，富贵直到老。命好心不好，福变为祸兆。心好命不好，祸转为福报。心命俱不好，遭殃且贫夭。心可挽乎命，最要存仁道。命实造于心，吉凶惟人召。信命不修心，阴阳恐虚矫。修心一听命，天地自相保。"这几句市井味十足，容易朗读。围绕着心与命的关系，讲述人生哲理。核心是在讲良好的个人修养与明智的行为模式的关系，即所谓心与命运的关系。换言之，我们在一定程度上，可以选择成为什么样的人。首先要修心，心是可以挽回所谓的"命"带来的负面结果的，即"命由心造"，有什么样的心，就有什么样的命。从这个意义上说，人生的吉和凶，都掌握在自己的手中，我们可以通过修心养性，把握自己的命运。如果不努力修心为善，只迷信"命"，一切都会成为虚妄，所谓的"福气"也只是空中楼阁。如果修心养性、克己奉公、顺其自然，就会受到来自各方面的支撑和保护。这里既强调"心"，更强调"修"。好的"心"合乎圣贤之道，懂得礼仪进退，知晓处世之道，这些都不是天生的，都需要学习、磨练，经过反省，历遍修行各个阶段。所以修心，并不是仅仅指道德修养，而是一种实实在在的人生磨练。

◎ 朱用纯画像

《朱子治家格言》的启蒙作用

《朱子治家格言》，涉及的内容包括安全、卫生、勤俭、有备、饮食、房田、婚姻、美色、祭祖、读书、教育、财酒、戒性、体恤、谦和、无争、交友、自省、向善、纳税、为官、顺应、安分、积德等各方面，但其核心内容是如何成为一个具有高度道德自觉、心存家国的人，非常符合朱柏庐作为一个理学家的思想追求，几乎所有内容都是中国传统文化所一直强调的。即使在今天看来，其中的大部分内容仍然适用，可以作为主流的价值体系继续流传下去。不仅如此，许多诚言还能够从中解读出新的含义，有能力容纳当下的诠释，甚至是意义扩展。

由于《朱子治家格言》的文字形式不仅富有一定程度的童蒙色彩，适于民间传播，所以从清朝开始流传到民国仍然不衰，甚至被选中作为启蒙教材；而且其中有着太多脍炙人口的名句，以至被百姓选作门上的对联、小康人家堂前的条幅、长辈给晚辈的赐字和悬挂在书房墙壁上的警句；其中一些做人的道理深入千家万户，影响并规范着许多人的思想与行为。看似浅显易懂的句子，浓缩的却是中国最具有影响力的思想体系。

朱柏庐终生不仕，从身份上来讲，只是一个普通的读书人，但他却是中国读书人的代表人物之一，他所崇尚的很多内容，仍是今天中华文化中最有价值的部分。他所写的治家格言在所有中国人心中产生了深久的影响，甚至远播整个华人圈。在东南亚，很多华裔子孙至今仍在背诵、默写《朱子治家格言》。

中国的读书人是一个很独特的群体，他们遵循的圣贤之道绝不仅仅是过时的教条，其中所体现出来的精神美感非常高贵而纯粹。如果能够做到《朱子治家格言》中所要求的这些准则，就可以成为高洁之士；由这样的个体所建构的家庭，当然会秩序规范，实现和谐安乐；无数个这样的家庭，势必构成一个各安其位、良好运行的社会。因此，《朱子治家格言》中所蕴含的追求，绝不仅限于小家之内，而是着眼于个体，落实于社会。

附录：

《朱子家训》

君之所贵者，仁也。臣之所贵者，忠也。父之所贵者，慈也。子之所贵者，孝也。兄之所贵者，友也。弟之所贵者，恭也。夫之所贵者，和也。妇之所贵者，柔也。事师长贵乎礼也，交朋友贵乎信也。见老者，敬之；见幼者，爱之。有德者，年虽下于我，我必尊之；不肖者，年虽高于我，我必远之。慎勿谈人之短，切莫矜己之长。仇者以义解之，怨者以直报之，随所遇而安之。人有小过，含容而忍之；人有大过，以理而谕之。勿以善小而不为，勿以恶小而为之。人有恶，则掩之；人有善，则扬之。处世无私仇，治家无私法。勿损人而利己，勿妒贤而嫉能。勿称忿而报横逆，勿非礼而害物命。见不义之财勿取，遇合理之事则从。诗书不可不读，礼义不可不知。子孙不可不教，童仆不可不恤。斯文不可不敬，患难不可不扶。守我之分者，礼也；听我之命者，天也。人能如是，天必相之。此乃日用常行之道，若衣服之于身体，饮食之于口腹，不可一日无也，可不慎哉！

【翻译】

　　身为君主，最重要的是心怀仁爱；作为臣子，最重要的是忠诚。为人父，最重要的是慈爱；为人子，最要紧的是孝道。作为兄长，最要紧的是友爱弟妹；作为弟妹，则要恭敬兄长。作丈夫的，最重要的是态度平和；作妻子的，则必须温顺柔和。与师长相处，最重要的是合乎礼；与朋友相交，最重要的是讲诚信。遇见老者，当有尊敬之心；看见幼者，当有慈爱之心。对品德高尚的人，虽然年纪比我小，我也应当尊敬他；对那些品行不端者，虽年纪比我大，我也要离他远点。

　　千万不要谈论别人的短处，更不可以仗恃着自己的长处而自以为了不起。对人有恨意，化解之道就在于检查自己是否站在合于道义的一方；对于那些自己所怨恨的人，则应以平直的心态，正常地对待他们。不管遇到什么样的环境，都当心平气和地接受。别人有小过错，应有包容之心；别人犯了较大的过错，应将正确合理的做法明白告诉他。不要以为只是一件小小的善事而不去做，更不可以认为只是一件小小的坏事而大胆地去做。别人的缺点，我们应帮他稍加掩盖；别人的优点，则应该帮他宣扬。处世不应为了私事而与人结仇；治家更要注意不可因为私心而有不公平的做法。不要做损人利己的事，不要有妒贤嫉能的心态。遇到不顺的事情，切勿因气愤而求一时之快；不要违背正常的行为规范而去伤害别的物体。遇有不合正义的发财机会，则应该放弃；遇到合情合理的事情，则不妨从事。

　　古圣先贤所流传下来的经典，不可以不读；待人的合理规范与处世的正当态度，则不可不知。对后代子孙，不能不重视教育；对仆人帮佣，必须能体谅关怀。数千年的文化传统不可不尊重；

遇到灾难打击，则不可不相互扶持。谨守本分，必须有赖于了解做人的基本规范；而我们一生的命运，是由老天来决定的。一个人能做到以上各点，则老天必定会来相助。这些基本的道理，都是日常生活中随处可做的，就像衣服之于身体，饮食之于口腹，是每天都不可离开、不可缺少的。我们对这些基本的生活道理，怎能不重视呢？

（郑绩）

《何氏家训》：无字家训，口口相传

　　无字家训，不知其始

　　要砍树，先砍手

　　守护龙山前世今生

　　上龙山砍柴者，罚拔指甲。

　　砍一小树者，罚斩一指。

　　砍一树者，罚斩一臂，还得跪在祠堂前向祖宗请罪，立誓永不再犯。[1]

　　这是历经千百年，在浙江武义郭洞村何氏家族中口口相传的无字家训，也是本书所论列的唯一不见于文字的家训，成于上世纪丙戌年（1946年）的《武义石城何氏宗谱》中并没有它的丝毫踪影，但此家训却口口相传且代代相传，成了约束何氏一脉祖祖辈辈行为的无字箴言。

　　也许有人会质疑在当今"传统热"的大背景下，此家训是否为当世人所假托。但是将何氏后人口口相传的家训内容记录下来，如本文开篇列举的文字，会发现这些未经任何加工润饰的口语化文字显然不是出于撰写族谱的行家之手。而且，只要去过郭洞村的人，站在村中

---

① 摘自《风水郭洞》，朱连法撰，上海人民出版社，2006年版。

任何一个位置，仰望郁郁葱葱的龙山，就会知道此训所言不虚——如果没有这样的家训护佑，龙山断不会是眼前这个摸样。

无字家训护佑的美丽村庄

顺着两山之间的车道疾驰至郭洞村村口下车，一个与郭洞村相关的疑问便会浮上脑海："郭洞，应该都姓郭吧？"

"郭洞，不姓郭，姓何。"

"那为什么叫郭洞？"

"三环如郭、幽邃如洞。"

显然，这是一个士大夫式的答案。

此时回望被迤逦的两条山脉夹在当中的来路，果然如一条龙，龙尾一摇一摆，起点早不复见，只有两旁青峦的叠翠和面前矗立的奇特的参差大树和隐在树影中若隐若现的村庄。

如果当初最先扎根此地的是山野老农，在两山之中的小溪边，觅上几处平地，搭上几间草屋，或打上几方泥墙——枕地看天，会何等悠然自得？只是那散人格调的零落居处，虽自由却全无章法。如是士大夫阶层中的一员，来到此地饱玩风月，迁居此处，则必须首先解决两大问题：

一是如环弯曲的溪水，尽管往复幽邃，但毕竟自上而下，一泻如注，若人居此地，如何可借山川灵秀之气锁住甘泉，维持家丁兴旺、五谷丰登？

二是处身于如此逼仄的两山之中，如何能有效地远离山洪、泥石流等自然灾害，让这个村庄在自然界的风吹雨打、斗转星移中和谐平安？

走前几步，听水声潺潺，应是到了溪水出村之处。映在眼前的，除了高大的古树，却是一堵沉默厚重的墙壁，将从北而来的一线平川阻截于外，留下一扇小门，审视着进出的人畜。原来此地乃村东的龙山与村西的西山环抱最窄的缺环之地，恰恰有此一墙，既锁住了上自村南上游源自大湾东坑和黄岭西坑与郭洞村汇合的出处溪流，也锁住了随水北流的"气"。这就解决了当年村主的第一个问题。

进门沿着墙边往溪水方向行走，景色美不胜收，不由地令人忆起1721年何孚悦的《重造回龙桥记》：

双泉云水自南来，折而西，回绕东北以去，凡数百武。乃堰其水，作桥于上。形家谓山为龙山，住则龙回，故名桥为回龙桥。下流既遏，水乃萦纡曲折，潋艳里间。游其间者，辄赏溪水之胜。

江南的古老乡村，遗留了一些珍贵的旧民居，也偶尔有几幢时新的楼房，但就整体而言，不少地方还是显得凌乱无章。但是，在旧日的水口，不少村庄都会给人惊喜，让人觉得传说中的"桃花源"就是眼前的这幅景象。郭洞村的水口，尤其有这样的韵味——那山，那水，那石，那树……完全融成了一个清幽的世界。

一座呈拱形的回龙桥跃过龙溪。漂亮的拱形，缠满青青的古藤，既显示出岁月的沧桑，又不失活力。桥上有亭，翼然而立，遮挡着骄阳与风雨。桥东，有海麟院、凭虚阁；桥西则是水碓房和水碓堂，这些场所兼顾了人们的日常生活和精神世界。更关键的是，城墙内外、桥头两端、水塘周边，全是苍松、翠柏、青樟、红枫。碧翠的树枝透出安抚心灵的绿色，将这片静地妆点得分外清幽。

不要以为古人只会布景、造景，面前的城墙，有着实实在在的护卫功能。在初建时，它无疑相当于一个城门，担负着保乡护院的职责。据《武义县志》记载，咸丰十一年（1861）七月，太平军曾两次攻打郭洞村，都被村民倚靠城墙挡住攻势，并趁势出城攻击，使得太平军损兵不少，当地官员后来赠以"义乡"匾额。抗战时期，郭洞的城墙上多了两门铁质土炮。日军路过此地，也不敢贸然发难。至于对付乡村中自古就有的鸡鸣狗盗之徒、打家劫舍之伙，城墙的作用就更大了。

至于郭洞村建立时遇到的第二个问题，就是地势的逼仄。

当年迁居此地的何氏始祖，对郭洞的山水赞赏备至。《寿一公迁居郭洞记》曾追记云：

昔之论人者必曰得山川之秀气。山川之秀亦何地觅，有如吾郭洞者，窄处偏隅，山不必深而饶竹木之富，水不必大而尽烟云之态。形象者流。每历兹土，辄驻足徘徊，动相嗟妙，以此为万古不败之基也。

文章赞美郭洞，虽以刘禹锡"山不在高""水不在深"为依傍，却也道出了郭洞村偏僻狭小的一面。

郭洞所处地理位置，多丘陵与低山，最常见的是两山夹一溪，溪流弯弯曲曲，溪的一边或另一边必留一方平地，人们在平地上辟田、立屋。相比起来，郭洞村的地势算是较为狭小的。若站在村的一头山脚下，横望另一端的山脚与溪流，目测直线距离应该不到二百米。当然，如果走到浙江较典型的山区如丽水、温州的一些地方，会觉得郭洞村的地势其实挺开阔的；如果你前往因地震而闻名的汶川地区，看着那呈现出标准"V"字形的山谷，看着所有的房屋都坐落在斜坡上，看着那没有田只有地而且是有相当角度的地，你会感叹郭洞村地势逼窄得有点奢侈——毕竟房子还是盖在平地上！

郭洞村有一处精品民居——凡豫堂。堂名出自先秦大儒荀子的《大略》篇"患谓之豫，豫则祸不显"。凡事预则立，不预则废。"预"用以立业，也用以避祸，就是先订立预案的意思。此堂相传为土珩公在明崇祯年间所建。它分两层，五房四厢，全是木结构建筑。堂面宽五间，前后两进，共有七间房。若雨天去凡豫堂，会让人感受到用石板铺成的宽敞天井有一种宠辱不惊的姿态，漠然以对雨水流入

◎ 何氏宗祠外景

天井边上的水沟，一任它顺畅地排出屋外，流至龙溪。

凡豫堂的可看之处很多。最有特色的一点是"楼上厅"。三间正堂的楼上为无障碍厅堂，第二层层高比第一层更高，显得宽敞透气。当地民间对此有三种解释：一说受地理环境影响。江南地区多雨、潮湿，为免瘴疠之气，就把楼上辟为栖息活动场所；二说明代时税收名目繁多、税率重，宴请宾客也要缴纳宴席税，而在楼上请客是不用征税的；三说《大明律》曾有规定，征收房屋地皮税时，按房屋厅堂的占地面积征收，所以人们建房时有意将底层厅堂缩小，而把大厅堂设在二楼。但是这三种解释皆无确证，特别是没有其他的明代建筑作为旁证。

步入天井，可以看到一堵晶莹透白的门墙。门墙的砖块用上等泥烧制，水磨至光溜后，以蛋清和糯米饭调成的粘合材料垒砌，所砌砖缝细小，只有两毫米左右，连小刀也不太插得进去。最有意思的是面朝厅堂的砖块，砌成钱币形，而朝外面的砖块，则砌成田字形，里外图形合在一起，寓意"外有良田万顷，内有家财万贯"。让人印象最深的是不经意间抬头，可以望见龙山自屋顶上透出，俯视我辈，不禁令人猛然一惊：这不正是辛稼轩的"我见青山多妩媚，料青山见我应如是"！或更近似于杜工部的"猛虎立我前，苍崖吼时裂"，又似乎是在警示人们：不要乱来，我在看着你们呢！

郭洞的口述家训，便来自这种自然的警觉。近在咫尺的龙山，尽管与村庄有小溪的阻隔，但一旦山神发怒、山洪暴发，又或者陡坡塌方、石沙俱下，小小的郭洞，完全可能遭受灭顶之灾。正是这种忧患意识，促使郭洞何氏坚守并一直口口相传家族的规诫。

这规诫有着实实在在的作用，几十年前有人到此地规划旅游事宜，曾经就开发龙山询问过村里一些七八十岁的老人。这些老人的回答惊人地一致：他们从未踏上过龙山一步，遑论砍柴伐树！也正是此护山护林的规诫，支持着村民顶住了"大炼钢铁"时的山林滥伐。"要砍树，先砍人！"郭洞的龙山，由于老人们的拼命相护才得以保全下来。今日看来，岂非无字家训的功劳！

无独有偶，在湖南省的通道侗族自治县的保山寨，也有一个和郭洞非常相似的村规民约，它是以碑刻的形式矗立在青山绿水间：

此山林之茂，素以如此也？不然。百年之古，曾遭浩劫。

我上湘后龙山自辈以来，合抱之木常有数千。至后人不肖，挟私妄破，以致山木之美转成濯濯，盖至是关山破，飞脉衰，人心浮薄，地方凋残，有不可救药也。残局既成，何人之力，摧枯拉朽，妙手回春？

凡寨边左右前后，一切树木俱要栽培，庶可挽乎今，而进于古，尔昌，尔炽，尔富，尔寿，子子孙孙垂裕无涯矣。

今议我等后龙山，上抵坡头，下抵塘园田屋，里抵岭楼坡巅，外抵岩冲田塘，俱属公地，不许卖亦不许买，一切林木俱要蓄禁，不许妄砍，有不遵公议者，系是残贼，公同责罚，决不宽容……公议保山寨水口树木乃是一团是保障，俱要蓄禁，不许妄砍，违者责罚。

公议保山寨杉木二块，麻雀山杉木一块，俱系公山，不许卖亦不许买。

◎ 秀美郭洞

郭洞与何氏的历史源流

这里先追溯一下何氏和郭洞的历史。

有一副何氏子弟写何氏的长联很不错，作者为何长工之子何俊新。众所周知，何长工当年曾在井冈山与毛泽东一起打天下，当过红八军军长。何俊新这副长联是这样写的：

赞我族，源远流长，肇起盘古开天，经数百万年，传至轩辕黄帝，生二十五子，由嫡长玄嚣嗣姬姓，经五帝，历夏后，商周至秦汉改韩为何，又几千年传百代，裔胄长继，邦国内外世泽无限；

颂我宗，根深叶茂，自从何修受姓，传二千余载，氏布中华大地，裔千百万人，始庐江避难改何氏，历两汉，经三国，两晋到南朝开基江左，仅数百载成三望，德誉远播，寰宇之中家声永扬。

关于何姓的起源，说法甚多。华夏谱姓联盟网"何氏起源"罗列了十五种说法，多数言之有据，少数有穿凿附会之处。但至唐宋，学者们多确认何氏出自于韩氏，原因是读音相近。当然，读音相近的字多了，讹变总需有个契机，只是这种契机未必被后人完整、真实地记录下来。关于"韩"讹为"何"，目前流传较广的说法是：张良雇人在博浪沙刺杀秦始皇未遂后，朝廷认定刺杀乃六国后人所为，于是遍索天下，欲尽害之。此时韩氏有一支后人居住于河边。秦吏登舟问姓，韩氏因天寒水冷，戏指水曰："此为吾姓"，意为"寒"，与"韩"同音。秦吏以为姓"河"，复问，韩氏再答：我这个姓肯定以人为偏旁，哪有以水为偏旁的道理？秦吏记下"何"字而去。事后，韩氏才知朝廷有追杀的旨令，直叹老天有眼，让韩姓得免刀斧之灾。此为传说中的何姓始祖。只是今人考之《史记》《汉书》《战国策》

《韩非子》等典籍，认为此传说无所凭据，在史上没有可能发生。记下这段故事的《浈阳水木记》也已失传，至今也只有在族谱上留下一些片断。今人也有从甲骨文中证明何乃早已有之的古姓氏。但是此说也有个难以回答的疑问：为何秦、春秋战国时的史料记载，没见任何以何为姓的人物？今天所见何氏记载，都是从汉代开始的。

但是何姓的发展在历史上也够迅速，到魏晋南北朝时期，已经形成三大郡望，即庐江郡灊县（今安徽霍山县东北）、东海郡郯县（今山东郯城）、陈郡阳夏县（今河南太康），这就是何俊新的长联中所说的"三望"。何氏英才，代不乏人，逐渐衍成中华民族之一大宗。在2013年的人口统计中，何氏在中国的人口中占第18位。

按郭洞村的追记记载，唐代的何彻由翰林出典建州（今福建建瓯），居浦城。五代时，何谨从浦城徙居浙江龙泉。北宋时，何仁为避方腊之乱，于宣和三年（1121）迁居至武义城下何巷，是为武义何姓始祖。何仁的重孙何渊，曾任广东按察司副使，曾有恩于郭洞赵参军。赵家为报恩情，将女儿许配给何渊之子何中昱，生子何寿之。何寿之童年时常去看望外公外婆，对郭洞的山水、人文爱之弥深。约元代末年，成年后的他举家迁往郭洞，成为郭洞何氏始祖。到今天，何氏已传26代。与之相较，郭洞村原有的姓氏如赵家、吴家等，人口规模却渐渐缩小乃至消失。由于村居狭小，何氏从郭洞不断外迁，形成了不少何姓聚落。据说奉何寿之为祖的，至今有4000人之多。

何氏家训与生态环境

为什么郭洞的环境能够保护得这么好？换句话说，何氏保护环境的家规为何能起到有效的作用？

对森林来说，潜在的第一个危险，是人们为了糊口，将其改造为耕地。尽管森林也能提供一些裹腹的食物，但人类从采集到农耕这一难以逆转的进程告诉我们，耕地能够比森林提供更多的碳水化合物、植物蛋白和脂肪等。最早，应该是平地上的森林被伐、被烧，被开辟成种植植物的农田。随着玉米、番薯、马铃薯等耐旱作物从美洲的引进，丘陵和低山上的树木便逃不出被毁灭的命运。曾记得幼年时生活的村庄，村口北侧有一座小山包，绝对高度应有百米左右，对一个儿童来说也是吓人的高度了，但山包被割成一块块不规则的自留地。每天清晨和傍晚，在这个还不是到生产队劳动、挣工分的时间，就已经有不少的人在劳作：他们挑着粪肥上山，又挑着收获下山。其实这个山包不算低，村庄周围的一圈小山上，自留地几乎开到山巅。当然，前提是这些山要有土。从这个角度来看，郭洞的龙山能被保全，有它先天的原因：这座山上的土不厚，石头处处崭露头角，哪怕是在森林养育极为良好的今天，山路也全是本来就有的石头路面。正是这样天然的地质情况，使龙山逃过了第一劫。

森林潜在的第二个危险，是森林中的树木被当作建筑和家具的材料以及柴薪。龙山上的树木受到这样的威胁非常现实，传统中国的农家，只有较为富裕的，才能用得起粗粗的梁、柱——用成材的树木制成。一般农家多用土夯成墙，对树木的需求不大，但屋瓦需要在木条上铺放，较细的坚实的树木即可胜任。但乡村的公共建筑，最典型的是祠堂，占地起码几十间，一般还要搭个戏台，这里边用的木材就不是一般质量的木材了。我们看到龙山脚下的何氏祠堂，体量着实不小，游客到此也会赞叹一番，就可知晓建造这个祠堂要用多少木料。建造凉亭、桥梁等，也都需要树木。如果再考虑到国家工程，更是一笔不小的消耗。

至于百姓每日要用的"柴"，曾居生活四大要素之首，位于米、油、盐之上，大家就可以想象它的重要了。以前没有冷气等保鲜设备，也没有今天的防腐剂，多数食品必须升火烹饪，一天三顿必须用火。何况以前的家庭人口多，不像现在以最常见的一家三口的核心家庭为主，故锅灶等体量较大，热能效果也不甚理想，对柴薪的需求非同一般。以前的草原上没东西烧，只能烧牛羊粪，平原地区则烧植物的秸秆，这些都比不过以树干劈成的木柴燃烧效果好。山区的灌木是较理想的柴薪，一不费材，二是产生的热能多。古时的农家，用柴之不易，可以用清朝一位官员兼画家的诗来描绘：

庭中多草莱，阶下多松竹。

朝取炊晨餐，夜拾煮夕粥。

松竹易以尽，草莱生不足。

朝持百钱去，暮还易一束。

湿重不可烧，漉米不能熟。

八口望曲突，嗷嗷难枵腹。

前月山中行，山木犹簇簇。

今从山下过，遥望山尖秃。

农民无以爨，焚却水车轴。

田事更无望，拆屋入城鬻。

从这个角度看，龙山的树木没有被砍伐，还真是拜何氏家规所赐。这个不知拟订于何年的无字家规，代代相传，并被村民严格遵守，约束着子孙以敬畏之心对待自己的生息之地。前面说过的年已

◎ 何氏宗祠内景

七八十岁的村民没上过龙山的不在少数，更遑论破坏了。这是一个小型的社会共同体为长远利益坚强地保护环境的范例。当然，郭洞坐落于长龙似的两座大山之中，郭洞村民当日烧饭煮水，即使不在龙山砍伐，也有的是取柴火的地方，只是要多走些路，多爬点山，多花点力气。当然，有时愚蠢的人们不愿多花一点点成本而干出蠢事也属常见。只是龙山森林资源至今保存完好，树木葱茏，山上轻烟四起，表示水汽充沛。这一切毕竟还与何氏家规相关。据说一个小型的社会，由于彼此唇齿相依、生死与共，所有人能够携手合作，一起解决问题。美国的贾雷德·戴蒙德曾讨论过西南太平洋上一个孤立的热带小岛——蒂科皮亚岛。那个小岛面积只有1.8平方英里，然而三千年了，人类一直生活在岛上。这个岛小得让居民曾经问外来的客人："世界上有听不到海浪声音的地方吗？"他们依靠农耕和森林的果实裹腹，一旦人口超出自然承受力，便运用七种办法控制人口数量，包括自杀、单身不育婴等等。在武义的郭洞，解决问题的方式通过家规、族规体现出来，时至今日，龙山得以幸运地保持了千年前的风貌。

郭洞何氏的无字家训源自一种最朴素的保护环境和生态的理念：绿色、健康。"此时无声胜有声"，它对后人的影响是潜移默化的，融入生活的点点滴滴，更融入了人们的血液和精神中，有一种信仰的力量！

（卢敦基）

后 记

　　本书选题由浙江日报报业集团副总编陆熙先生倡议，有幸得到浙江省社会科学院院长迟全华先生的大力支持，列入2015年度浙江省社会科学院浙江历史文化研究中心的课题；陆熙先生几度陪同作者一同采访座谈、收集资料。四位作者——浙江省社科院浙江历史文化研究中心研究员、金庸先生的关门弟子卢敦基先生，浙江省社科院浙江历史文化研究中心郑绩博士，浙江社会文化研究院院长、曾任海宁市市长的应忠良先生，媒体人朱永红先生——在繁重工作之余，原址探察、拍照采风、查卷辨伪、去芜存菁，为青少年读者撰写锦绣文章。

　　为力求通俗易懂并避免以讹传讹，卢敦基研究员校阅了本书中的古文译注；上海的贾永盛老师精心绘画了本书插图，为本书增色不少。本书在编写过程中，还得到朱连法、黄法云、徐友龙、张伟文、张旭军、朱祥华、应业修、查建国、汪千里、吴德健、徐国平、诸葛议、陆纪生、凌新霞等同志及绍兴日报社相关领导的帮助。

　　在此一并致谢！

图书在版编目（CIP）数据

看见传承:江南十大家族启蒙读物/卢敦基等著.
—北京:红旗出版社,2016.3（2020.8重印）
ISBN978-7-5051-3732-5

Ⅰ.①看… Ⅱ.①卢… Ⅲ.①家庭道德—中国
Ⅳ.①B823.1

中国版本图书馆CIP数据核字（2016）第046254号

书　　名	**看见传承：江南十大家族启蒙读物**	
著　　者	卢敦基　应忠良　郑绩　朱永红	

出 品 人	唐中祥	责任编辑	庞　茹	内文插画　贾永盛
总 监 制	褚定华	特约审稿	陈晓嘉　杨念迅	封面设计　戴　影
总 策 划	徐　澜	责任校对	孙小昭	

出版发行	红旗出版社
地　　址	（南方中心）杭州市体育场路178号
邮　　编	310039　　　　　编辑部　0571-85311182
E-mail	pangruhq@163.com　　发行部　（北京）010-64036925
	（杭州）0571-85311330
欢迎项目合作	项目电话　（北京）010-84026619
	（杭州）0571-85311182
图文排版	杭州美虹电脑设计有限公司
印　　刷	香河利华文化发展有限公司

开　　本	710毫米×1000毫米	1/16	
字　　数	136千字	印　张	11.25
版　　次	2016年5月北京第1版	2020年8月河北第3次印刷	

书　　号	ISBN978-7-5051-3732-5	定　价	25.00元